ESPRIT을 활용한
CNC 선반 따라하기

정대훈

박영사

차례

Ⅲ

ESPRIT 선반 따라하기 - 예제 2

IV

ESPRIT 선반 따라하기 - 예제 3(도면)

I

ESPRIT 선반 따라하기 - 인터페이스 및 사용하기

1-1. ESPRIT 인터페이스

1) ESPRIT의 인디페이스 화면은 아래와 같다.

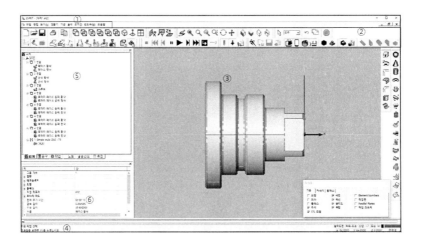

① **메뉴바** : 파일 열기, 저장 등이 있는 메뉴 바이다.

② **툴바** : ESPRIT에서 명령어를 선택할 수 있는 툴바로, 사용자가 자주 사용하는 아이콘들로 사용자가 직접 구성할 수 있다.

③ **그래픽 작업 영역** : 모델 및 툴패스, 시뮬레이션 등을 확인할 수 있는 그래픽 영역이다.

④ **프롬프트 영역 및 상태 영역** : 다음에 무슨 작업을 할지 알려주는 프롬프트가 나오는 프롬프트 영역이 있으며, 현재 작업 환경에 대해 정보를 제공하는 상태 영역이 있다.

⑤ **프로젝트 매니저** : 작업, 피처, 공구 등 정보를 나타내는 프로젝트 매니저이다. 해당 창이 없다면 F2 키를 누르거나 보기 메뉴에서 프로젝트 매니저를 클릭하여 띄울 수 있다.

⑥ **속성 매니저** : 그래픽 작업 또는 프로젝트 매니저에서 선택한 아이템들의 속성을 띄우는 창이다. 해당 창이 없다면 보기 메뉴의 등록정보를 클릭하거나 Alt 키를 누른 상태에서 Enter 키를 눌러 띄울 수 있다.

2) 메뉴 바의 명령어를 살펴본다.

파일 편집 보기(V) 만들기 가공 분석 도구(T) 윈도우(W) 도움말

① 파일 : 기존 파일을 열거나 새 파일을 생성하며, 변경된 파일을 저장한다.

② 편집 : 아이템을 복사하거나 삭제하며, 원점을 이동하거나 전입한 파일의 방향을 변경한다.

③ 보기 : 작업 환경의 디스플레이를 설정한다.

④ 만들기 : 새로운 해체된 도형, 치수, 특성, 표면 또는 입체를 그리거나 정한다.

⑤ 가공 : 기계 용어들을 정의하고 절삭 툴을 생성하며, 기계가공 운전을 생성하고 시뮬레이션한다.

⑥ 분석 : 프리폼 툴패스 분석 또는 곡률 등 툴패스 및 모델에 대한 분석 기능을 한다.

⑦ 도구 : 시스템 단위를 설정하고, 매크로를 생성하며, 부속 프로그램을 올리고 ESPRIT를 사용자 맞춤화한다.

⑧ 윈도우 : 새 창을 열고 여러 창들의 디스플레이들을 배열한다.

⑨ 도움말 : 도움말 파일들을 접속하거나 사용자의 현재 ESPRIT 버전을 학습한다.

3) 툴바를 살펴본다. 기본으로 제공되는 툴바들은 ESPRIT 화면 상단에 위치되어 있다.

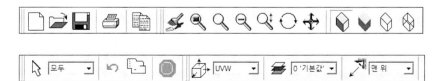

① 표준(Standard) 툴바 : 파일을 생성하고, 열고, 저장하며 출력할 수 있는 파일 관리 명령어들을 포함하고 있다. 사용자가 작업 영역에서 구성 품을 복사하려면 여기서 복사 명령어를 사용할 수 있다.

② 보기(View) 툴바 : 보기를 줌 또는 회전하는 등 작업 영역에서 디스플레이를

제어하는 여러 명령어들은 물론 재료들을 셰이드 또는 와이어 프레임 모드로 표시할지 여부를 선택하는 명령어를 갖고 있다.

③ 편집(Edit) 툴바 : 싱글 구성 품을 선택하여 복수(그룹)의 구성 품들을 선택하거나 자동으로 선택하는 구성 품들의 종류를 여과하는 선택 툴을 제공한다.

④ 층(Layers) 또는 면 툴바 : 작업 면, 작업 층 및 뷰 평면을 *생성*하고 신택하는 명령어들을 갖고 있다.

추가적으로 툴바를 구성하려면 아래 그림과 같이 보기 - 툴바에서 원하는 툴바를 선택하여 추가하고 드래그앤드롭으로 원하는 위치로 조정한다.

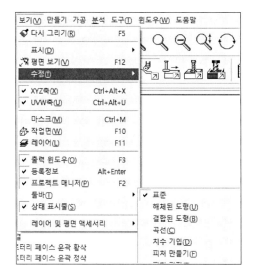
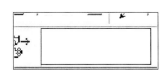

4) 스마트 툴바를 살펴본다. 사용자가 원하는 작업 타입에 기반하여 ESPRIT 툴바들을 빠르게 표시하고 숨기기 위해서 스마트 툴바를 사용한다. 툴바 위의 첫 3개 아이콘들은 밀링, 터닝 및 와이어 EDM으로 구성된 ESPRIT의 가공 모드와 관련이 있다. "SolidMill로 전환"을 클릭하면, 해당 툴바는 밀링 툴과 운전을 생성하는 명령어들을 표시한다. "SolidTurn으로 전환"을 클릭하면, 밀링 명령어는 숨고 선반과 밀/턴 작업 및 공구를 생성하는 새 명령어들을 표시한다.

위 스마트 툴바에서 필요한 작업 대부분을 선택할 수 있으므로 스마트 툴바 외에 다른 작업 툴바를 추가하는 것은 권장하지 않는다.

2-1. ESPRIT 사용하기

ESPRIT의 새 파일을 생성하거나 조작법에 대해 알아본다.

1) 처음 ESPRIT을 실행하면 아래와 같이 템플릿 창이 뜨는데 빈 문서를 선택하고 확인을 누를 것을 권장한다. 빈 문서가 열리면 다시 열기 버튼을 눌러 원하는 기계 템플릿 파일을 열어야 ESPRIT 내의 오류를 줄일 수 있다.

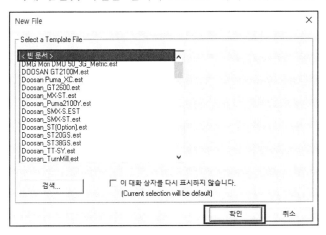

2) 〈빈 문서〉 옵션은 ESPRIT 기본 설정을 사용하는 새 파일을 연다. 새 템플릿 파일은 사용자가 사용자의 회사에서 재료를 가공하는 방식으로 사용자 정의 구성품 및 세팅들을 담고 있다. 이 템플릿은 정기적으로 사용하는 툴, 기계 셋업 구성, 시뮬레이션 세팅, 반복된 해체된 도형 및 더 많은 것들 것 포함할 수 있다. 두산 장비의 경우 모든 셋팅이 완료되어 있으며 이 창에서 해당 템플릿을 선택하면 된다.

3) **파일 생성**

새 파일을 생성하려면 아래의 아이콘을 누른다. 한 번에 하나의 ESPRIT 창을 열 수 있다. ESPRIT 파일을 여러 개 띄우려면 ESPRIT을 여러 개 실행해야 한다.

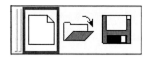

4) 열기

기존 파일을 열려면 아래의 아이콘을 누른다. ESPRIT 고유의 파일 (*.esp), SolidWorks 또는 Pro/E, 스테레오 리소그래피(STL) 파일과 같은 다른 CAD 시스템의 2D 및 3D 파일과 IGES 및 STEP과 같은 변환된 파일 등이 열린다. -〉 ESPRIT는 Parasolid 커널에 기반하므로, 다양한 입체 모형 파일을 열 수 있다.

5) 저장

파일을 저장하려면 아래 아이콘을 누른다. ESPRIT에서 작업을 한 후 해당 작업을 저장하면 나중에 다시 찾아볼 수 있다. 저장 명령어는 디폴트 파일을 ESPRIT 고유의 파일 또는 다른 CAD 포맷으로 저장할 수 있다. ESPRIT 파일은 "*. esp" 파일 확장자로 저장한다. 파일을 다른 파일 포맷으로 전환하려면, 파일 형식 풀다운을 선택하고 파일 확장자를 선택한다.

6) 마우스 및 키보드를 사용하여 팬, 줌 및 뷰 회전하기

뷰 툴바의 명령어로 작업 영역에 보여지는 요소들을 줌, 팬 및 회전할 수 있다.

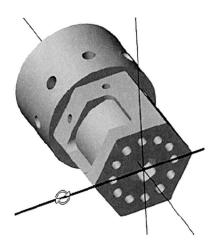

7) 팬, 줌 및 뷰 회전은 사용자가 원하는 대로 설정할 수 있다.

도구 메뉴의 옵션을 클릭한다. 작업 공간 탭을 클릭한다. 마우스 및 키보드에서 설정을 변경할 수 있다.

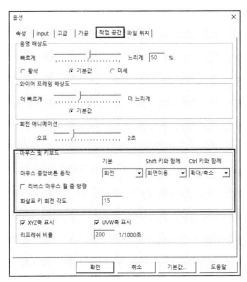

8) 줌

줌 인 방향으로 스크롤을 돌리고 줌 아웃 방향으로 스크롤을 돌리면 스크린 상에 커서 위치에서 줌이 발생한다.

<u>키보드와 툴바를 이용한 방법</u>
- 뷰 툴바의 줌 명령어를 사용한다: Zoom, Zoom Previous, Zoom Dynamic
- Shift 키를 누른 채로 상, 하 키를 눌러 줌 인 또는 줌 아웃 한다.

9) 스마트 줌

Shift 키를 누른 채로 마우스 중간 버튼을 움직이거나 또는 휠을 앞으로 돌려 줌 인, 뒤로 돌려 줌 아웃 한다. 스마트 줌을 사용하면, 마우스 위치와 상관 없이 모델의 중심에서 줌이 발생한다. 이렇게 하면 줌을 할 때 항상 모델이 보이게 된다.

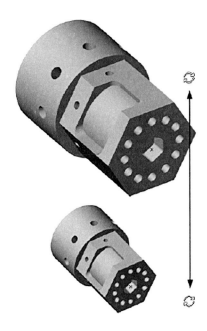

10) 팬

마우스 가운데 버튼을 누르거나 휠을 스크롤하거나 오른쪽 버튼을 상, 하, 좌, 우로 움직여 뷰를 회전한다.

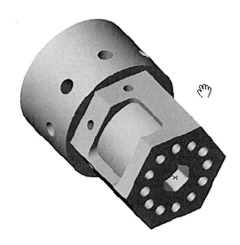

<u>키보드를 이용한 방법</u>

- 상, 하, 좌, 우 키를 누른다.
- F5를 눌러 스크린을 수정한다.
- F6를 눌러 눈에 보이는 그래픽 요소 모두를 스크린에 삽입한다.
- F7을 눌러 상단 뷰로 전환한다.
- F8을 눌러 등각 뷰로 전환한다.

11) **요소 선택하기**

모든 CAD/CAM 시스템에서 가장 중요한 태스크들 중 하나는 모델에 있는 요소들의 다양성을 선택하는 능력이다. 파일 하나에도 솔리드, 와이어프레임, 피처 및 공구 경로 등을 포함할 수 있다. 또한 사용자는 솔리드에서의 가장자리 (엣지) 또는 점 등과 같은 요소를 개별적으로 선택하는 능력도 갖추어야 한다.

- 싱글 요소를 선택하려면 작업 영역에서 해당 요소를 클릭한다.
- 한 번에 여러 요소들을 선택하려면 Ctrl 키를 누른 상태에서 새 아이템을 선택한 요소들 그룹에 추가한다.
- 사용자는 또한 마우스를 사용하여 그룹에 넣고자 하는 요소들 부근의 선택 상자를 드래그하여 복수의 아이템들을 선택할 수 있다. 선택 상자 안에 있거나 선택 상자에 닿은 요소는 모두 그룹화된다.
- 연결 요소들의 그룹을 선택하려면 Shift 키를 누른 상태에서 요소를 선택한다.
- 선택 요소들의 그룹에서 어떤 요소를 삭제하려면 Ctrl 키를 누른 상태에서 해당 요소를 선택한다.

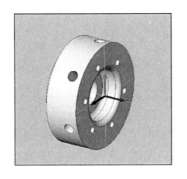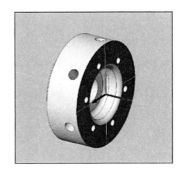

12) 요소 선택 해제

모든 아이템들의 선택을 해제하려면 작업 영역 안의 아무 빈 영역을 클릭만 하면 된다. 싱글 아이템의 선택을 해제하려면 Ctrl 키를 누른 상태에서 해당 아이템을 클릭한다. 또한, Ctrl 키를 누른 상태에서 해제하고자 하는 아이템들 위에 선택 상자를 드래그할 수도 있다.

13) 프로젝트 매니저에서 아이템 선택

프로젝트 매니저에서 피처나 작업을 선택하면, 작업 영역에서 같은 것이 하이라이트로 표시된다. ESPRIT 문서가 복수의 피처들이나 작업들을 가진 경우, 특히 이들이 확인하기 쉬운 이름들을 가진 경우 프로젝트 매니저에서 이들 피처들이나 작업들을 선택하기가 더 쉽다.

14) HI 모드

HI 모드가 활성화되면, 사용자는 항상 요소 선택을 확인해야 한다. 이렇게 함으로써 사용자는 화면 상단의 요소들을 선택할 수 있다. 예를 들면, 사용자는 피처가 해체된 도형의 상단에 생성되거나 전체 입체 대신 입체 모형 위의 한 면을 선택하고 싶을 때 정확한 선택을 하기 위해 HI 모드를 사용할 수 있다.
HI 모드가 활성화되면, "이 선택이 맞습니까?"라는 텍스트가 뜨고 선택 점 가까이 있는 요소가 하이라이트로 표시된다.
확인이 쉽도록 하기 위해 요소의 이름도 같이 표시된다. 예를 들면, 세그먼트는 S로 확인되고 점(포인트)은 P로 확인되며 입체 모형(Solid Model)은 SL로 표시된다. 맞는 요소가 아니면 마우스 오른쪽 버튼을 눌러 No(아니오)라고 대답한다. 그러면 그다음으로 가장 가까운 요소가 하이라이트로 표시된다.

이 예시에서, 사용자는 포켓 주위의 피처를 선택하고자 하지만 대신 입체가 하이라이트로 표시된다. 사용자는 원하는 피처가 하이라이트 표시될 때까지 마우스 오른쪽 버튼을 계속 클릭한다. 정확한 요소가 하이라이트 표시되면, 마우스 왼쪽 버튼을 눌러 Yes(예)라고 대답한다.

15) **스냅 모드**

스냅 모드가 활성화되면, 커서는 선과 세그먼트의 중간 점과 종점, 원과 호의 중심 점들을 유효한 점 선택으로 인식한다.

스냅 모드에서는, 커서는 다음과 같이 변한다.

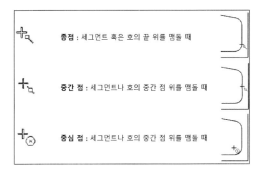

16) **하위 요소 모드**

하위 요소 모드가 활성화되면, 사용자는 작업 영역에서 솔리드의 개별 하위 요소들을 선택할 수 있다. 예를 들면, 사용자는 솔리드의 면, 면 루프 또는 엣지를 선택할 수 있다. 또한 드래프트 원뿔 피처들의 하위 요소들을 선택할 수 있다. 하위 요소들의 선택은 가공하고자 하는 솔리드 위의 개별 면들을 선택하는데 아주 유용하다. 그룹화 속성 명령어는 면들을 여러 피처 종류로 자동으로 그룹화하기 위해서는 하위 요소들의 선택에 의존한다. 피처 종류에는 홀, 드래프트 피처 인식, 선반 프로파일 및 프리폼 피처들이 있다.

17) **INT 모드**

INT 모드가 활성화되면, 커서는 세그먼트, 선, 호 및 원의 교차점을 유효한 점 선택으로 인식한다. INT 모드가 활성화하면, 커서 디스플레이가 변한다. 교차점이 선택될 때까지 커서는 INT 모드에서 남아있다. 교차점이 선택되는 즉시 커서는 INT 모드를 빠져 나간다.

18) 모눈 모드

ESPRIT는 옵션 대화 상자에서 그리드 구성 세팅을 사용한다(도구 메뉴에서 옵션을 선택하고 탭을 입력한다). 이렇게 하면 사용자는 점, 각도, 거리 등의 프롬프트에 응답하여 스크린 위치의 규정된 눈에 보이지 않는 배열을 선택할 수 있다. 사용자는 또한 부분 드로잉 값들과 일치하는 그리드 간격을 설정할 수 있다.

2-2. 피처 알아보기

피처는 가공 작업에 매우 중요한 요소이며 다양한 용도로 사용된다.

피처들은 사용자가 기계 가공을 하고자 하는 영역들의 형상을 나타낸다. ESPRIT는 포켓, 홀, 프로파일, 면 등과 같은 피처들에 표준 제작 용어들을 사용한다. 이 방법으로, 일련의 피처들이 전체 가공 영역의 형상을 나타낸다.

피처들은 소재를 제거할 곳을 제어하는 가공 속성들을 포함한다. 이 속성들에는 절삭 깊이, 기울기 각도, 절삭 방향, 진입 및 진출 점 및 리드-인/리드-아웃 점 등이 포함된다.

가공 명령를 선택하기 전에 피처가 선택되면, ESPRIT는 자동으로 가공 속성들을 선택된 피처로 부터 툴패스 페이지로 올린다. 이렇게 함으로써 시간도 절약하고 수동 값 입력에 의한 오류를 방지할 수 있다.

피처들이 소재 절삭 방법에 대해 단일 정보 소스를 제공하므로, 이들은 자동 가공 공정을 돕게 된다. 관련 툴패스는 피처가 변경될 때마다 쉽게 업데이트된다.

1) 피처의 종류

A. 체인 피처

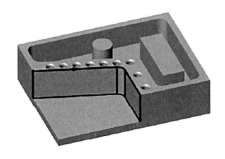

개별 피처는 체인 피처로 간주된다. 체인 피처는 소재, 단순한 포켓 또는 와이어프레임으로 구성된 경로 주위의 경계일 수 있다. 체인 피처는 절삭 경로의 시작 위치, 방향 및 종료 위치를 정의한다. 체인 피처는 매우 단순하며 피처가 정의한 경로를 따라 절삭하기를 원할 때 사용된다. 일반적으로, 체인 피처는 윤곽이나 프로파일 작업을 수행한다. 대부분의 경우, 공구는 체인 피처의 왼쪽 또는 오른쪽을 가공한다.

B. PTOP 피처

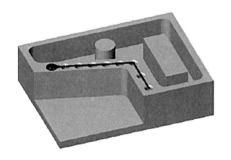

PTOP(Point-to-point, 점대점) 피처는 일련의 홀이나 점들을 연결하는 경로를 정의한다. 통상적으로, PTOP 피처는 드릴 작업에 사용되고 수동 밀링 작업에도 사용된다. 툴이 이 경로를 따라 각 홀을 뚫는다. PTOP 피처는 경로를 따라 난 홀들의 깊이와 직경에 대한 정보는 물론 챔퍼 및 카운트 보아에 대한 정보도 담고 있다.

C. 피처 세트

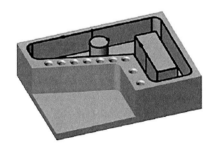

가공 부위를 구성하는 개별 피처들의 집단을 피처 세트라고 간주할 수 있다. 피처 세트는 피처 매니저(Feature Manager)의 폴더 안에 저장되어 있다. 피처 세트는 통상적으로 서브 포켓이나 아일랜드를 갖고 있는 포켓 피처이며, 재료 경계 내에서 발견되는 모든 피처들을 담고 있는 재료 피처일 수도 있다.

2) **피처 생성**

수동 체인 : 수동으로 선택된 요소 또는 점 위치로부터 체인 피처를 생성한다. 이 명령어는 편집을 위해 체인을 다시 열 때도 사용된다.

자동 체인 : 폐쇄 또는 개방 형상을 구성하는 요소로부터 체인 피처를 자동으로 생성한다. 피처는 그룹화 된 요소들 또는 수동으로 선택한 시작 점, 체인의 다음 요소 및 종점에서 생성될 수 있다.

수동 PTOP : 집단화되거나 수동으로 선택된 원들이나 점 위치들로 부터 PTOP 피처를 생성한다.

홀 : 허용 직경 값 범위를 정의하는 기준을 사용하여 솔리드의 홀들을 자동으로 인식한다.

벽 프로파일 : 솔리드의 면, 면 루프, 솔리드의 엣지 또는 와이어프레임의 모든 조합으로부터 사이드 측면부 가공을 위해 프로파일 피처를 생성한다.

포켓 : 경계 내에서 발견되는 모든 아일랜드 또는 홀을 포함하는 선택된 경계로부터 포켓 피처를 생성한다. 포켓 피처는 솔리드의 면 루프, 체인 피처, 그룹 도형 요소, NURB 곡선 또는 표면 곡선으로부터 생성될 수 있다. 포켓은 또한 피처 매개변수에서 정의된 홀 직경의 허용 범위를 사용하여 선택된 경계 내에서 어떤 홀도 가공할 수 있다.

피처 매개변수 : 홀, 면 프로필 및 포켓 명령어에서 자동 홀 인식에 사용된 매개변수들을 정의한다. 포켓 작업이 사용될 때 추가 세팅으로 다수의 포켓 생성을 제어한다.

프리폼 : 솔리드에서 면을 선택하여 형상 가공에 사용할 피처를 생성한다.

 파트 프로파일 : UVW 축의 UV 면의 교차점, 선택된 솔리드, NURB 서피스에 도형 또는 옵션으로 체인 피처를 생성한다. 솔리드의 경우, UV 면에 단면이 생성된다. NURB 서피스 및 합성의 경우, 도형이 W 축을 따라 UV 면으로 돌출된 소재의 실루엣(옆모습)을 표시한다.

 터닝 프로파일 : OD, ID 또는 면 프로파일을 발견하기 위해 파트를 분석하고 회전 작업에 사용할 프로필을 생성한다. 터닝 프로파일은 솔리드, 솔리드의 면, 서피스, 서피스 합성에서 생성된다. 계산된 프로필은 체인 피처 또는 개별 도형 요소로 생성될 수 있다.

3) 피처 속성

브라우저 속성이 선택된 아이템의 모든 속성들을 표시한다. 여기에는 색상, 층 및 요소 타입은 물론 모든 가공 속성들이 포함된다. 피처는 항상 가공 속성들을 갖고 있다.

4) 피처에 할당된 작업 면

새 피처가 생성될 때마다 자동으로 작업 면이 피처에 할당된다. 이 할당된 작업 면의 속성이 해당 피처에 배정된 밀링 및 회전 작업용 툴의 방향에 영향을 미

친다. 작업 면은 EDM 작업의 와이어 방향에는 영향을 미치지 않는다. 사용자는 속성 브라우저의 작업 면 속성을 볼 수 있다.

ESPRIT는 피처의 복잡성과는 관계 없이 각 피처에 하나의 작업 면만 할당한다. 사용자가 기존 피처와 연관된 작업 면을 삭제하고자 하는 경우, ESPRIT는 사용자 행위가 허용되지 않은 것이라는 경고를 표시하여 본의 아니게 작업 면을 삭제하는 것을 방지해 준다.

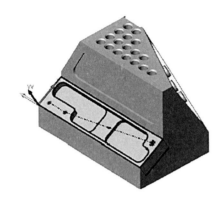

ESPRIT 선반 따라하기 – 예제 1

작업좌표계 설정

1-1. ESPRIT 시작하기

1) ESPRIT을 실행한다. 실행하면 아래와 같은 화면이 나온다.

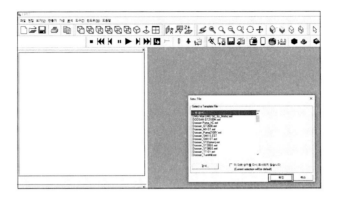

2) 빈 문서에 선택되어 있을 때 확인을 누른다.
3) 상단의 열기 버튼을 누른다.

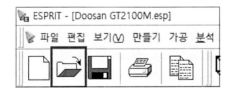

4) 예제모델1.stp 파일을 선택하고 열기를 누른다. (기계 시뮬레이션을 사용할 때는 병합에 꼭 체크하여야 기계 시뮬레이션을 확인할 수 있다.)

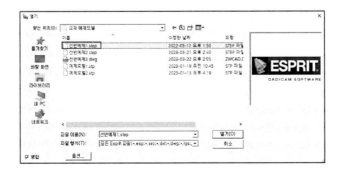

5) 파일이 열린다.

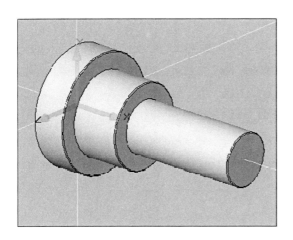

1-2. 작업좌표계 설정하기

1) 보기 - 툴바 - 파트 원점 맞추기를 체크한다. 툴바에 3개의 아이콘이 추가된다.

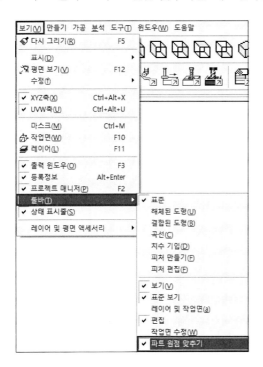

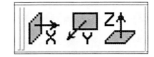

2) ESPRIT 화면 하단에 모드를 아래 그림과 같이 설정한다.

하위-요소 ON / 스냅 ON / INT OFF / 모눈 ON / HI ON

클릭으로 ON/OFF할 수 있다.

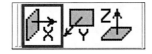

3) 좌표계 방향 설정을 위해 Z축으로 정렬할 모델의 앞면을 더블클릭하여 선택한다.

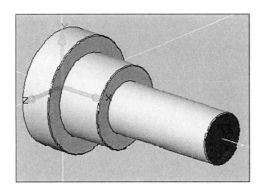

4) X축 정렬 아이콘을 누른다.

5) 아래와 같이 좌표계가 정렬되었다.

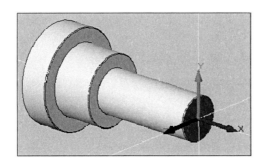

**ESPRIT에서는 화면의 빨간색 X축이 장비에서의 Z축에 해당하며 연두색 Y축이 X축이다.

2 시뮬레이션 설정

2-1. 모델 치수 정보 확인

1) 모델의 치수 정보를 확인하려면 솔리드를 전체선택 한다. 전체선택 하는 방법은
   아래 그림처럼 하나의 면을 클릭한다.

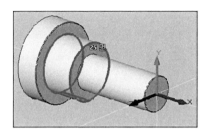

2) 그다음, 마우스 오른쪽 버튼을 클릭하고 다시 왼쪽 버튼을 클릭하면 솔리드 전
   체가 선택된다.

   **선택한 면의 색상은 도구 - 옵션 - 그룹 항목의 색상을 지정할 수 있다.

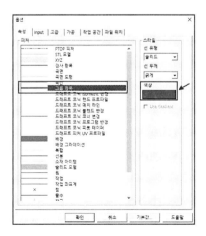

3) 솔리드 탭에서 길이 정보를 확인할 수 있다.

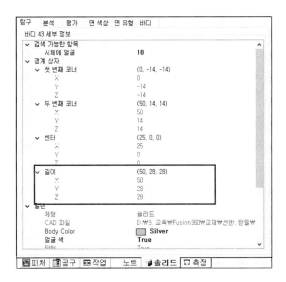

4) 해당 모델은 직경 28파이, 길이 50인 것을 확인하였다.

2-2. 소재 설정

1) 보기 탭 - 툴바 - Smart Toolbar를 체크하여 활성화한다.

2) 스마트 툴바의 시뮬레이션 버튼을 클릭한다.

3) 시뮬레이션 창이 뜨면 시뮬레이션 매개 변수 아이콘을 클릭한다.

4) 파라미터 창이 뜨면 옵션에서 소재 회전 시뮬레이션이 체크 해제되어 있는지 확인한다. 체크되어 있다면 체크 해제한다.

5) 파라미터 창의 솔리드 탭에서 소재 설정을 한다. 아래 그림과 같이 종류 - 소재 / 작성 위치 - 원통으로 설정한다. 외부 반경에는 15를 입력한다. (모델의 직경이 28파이인 것을 감안하여 여유량을 설정한다.) XYZ 1에서 X값은 1을 입력하여 전면 상단에 여유량 1을 설정하고, XYZ 2에 -61를 입력하여 총 길이 100인 소재를 설정한다.

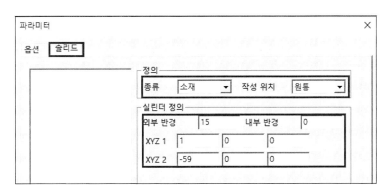

6) 자세히에서 투명에 체크하고 아래 추가 버튼을 누른다.

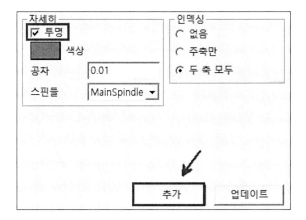

7) 왼쪽 트리에 소재1이 추가되었다.

8) 다음으로 다시 아래의 그림처럼 소재를 추가한다. 종류 - 대상 / 작성 위치 - 솔리드로 설정하고, 피처 선택의 마우스 모양 버튼을 클릭하고 솔리드를 선택해 준다. 아래의 투명은 체크 해제하고 색상은 원하는 색상으로 설정한 후 추가를 누른다.

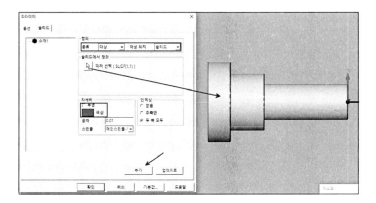

9) 소재와 솔리드가 설정되었다.

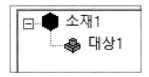

10) 확인을 누른다.

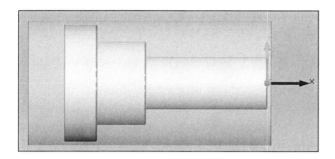

11) 보기 - 마스크를 클릭하여 화면 내에 마스크 창을 띄운다.

12) 마스크 창에서 자세히 - 선반 소재를 체크 해제하면 노란색으로 보이는 소재
가 숨김 처리된다.

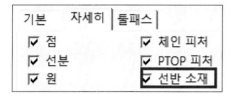

13) 마스크 창에서 자세히 탭 - 스핀들이 체크되어 있는지 확인한다. 마스크 창에
서 체크 유무로 해당 화면이 그래픽 창에서 on/off된다.

14) 가공 탭 - 가공 설정 - 기계 설정을 클릭한다.

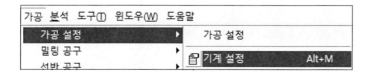

15) 솔리드턴 머신 셋업 창에서 머신 어셈블리 - 인덱스(I)터렛-1을 클릭하고 홈 위치를 수정한다. X300, Z300으로 설정하여 터렛의 홈 위치를 설정한다.

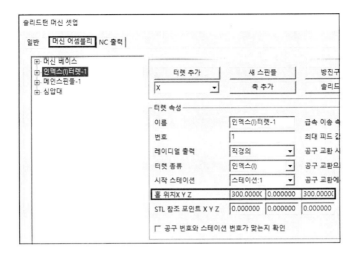

16) 솔리드턴 머신 셋업 창에서 머신 어셈블리 - 머신베이스를 클릭하고 기계 속 성에서 기계 원점 Z값에 15를 입력하고 확인을 누른다.

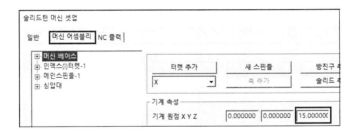

17) 아래와 같이 스핀들이 정렬되었다.

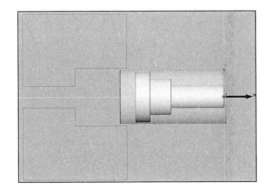

18) 스마트 툴바의 시뮬레이션 - 일시 중지 버튼을 누르면 소재 설정을 확인해볼 수 있다.

19) 시뮬레이션 툴바에서 아래 그림처럼 대상 표시를 누르면 모델과 소재가 같이 보인다.

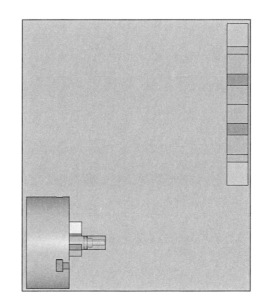

20) 시뮬레이션 창을 해제하려면 중지 버튼을 누른다.

21) 기계 시뮬레이션을 위해 스핀들이 소재를 무는 위치를 변경하였다.

3 공구 생성

3-1. 공구 어셈블리 생성

1) 왼쪽 트리의 공구 탭을 누른다.

2) 스테이션:1에 마우스 우클릭하여 새로 만들기 - 선반 공구 - 선삭 인서트를 클릭한다.

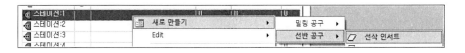

3) 아래 그림과 같이 공구 ID에 인서트 형번을 기입하여 알아보기 쉽도록 한다. 공구 번호는 1로 지정한다.

4) 두번째 세팅 탭에서 아래 그림과 같이 설정한다.

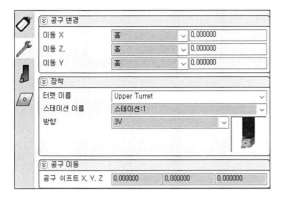

5) 홀더는 A0리드를 사용한다.

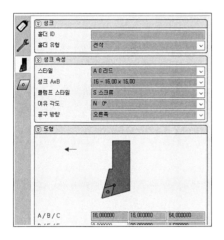

6) 인서트는 터닝 속성에서 아래 그림과 같이 설정한다.

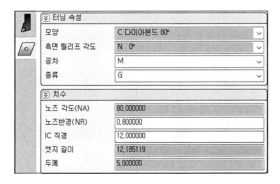

7) 위의 확인 버튼을 누른다. 스테이션:1에 1번 공구가 장착되었다.

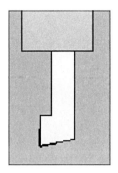

8) 이번엔 정삭 공구를 생성한다. 스테이션:2에 마우스 우클릭 – 새로 만들기 – 선
   반 공구 – 선삭 인서트를 누른다.

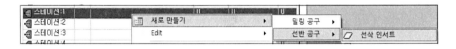

9) 공구 ID에 T2_VNMT09T304로 입력히고 공구 번호는 2로 기입한다.

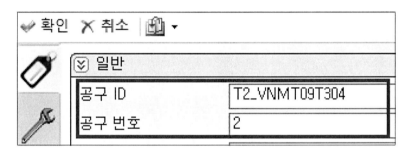

10) 세팅 탭에서 UPPER TURRET에 장착되어 있는지 확인하고, 공구 방향을 3V
    로 설정한다.
11) 홀더는 시스템 기본값을 사용한다.
12) 인서트 탭에서 아래 그림과 같이 노즈 반경 0.4, 엣지 길이 9.69, 두께 3.97
    을 입력한다.

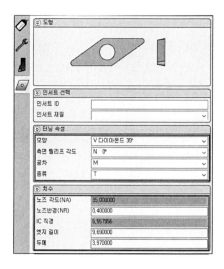

13) 이렇게 설정한 공구는 전체선택한 뒤 마우스 우클릭하여 파일로 저장해두고 불러올 수 있다. SAMPLE1이란 이름으로 저장해둔다.

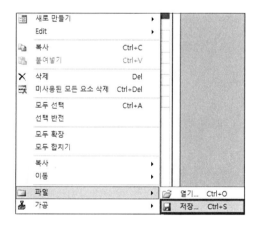

14) 기계 파일에 공구를 세팅해두고 저장해서 불러오는 것도 세팅 시간을 줄일 수 있는 방법이다.

4 면 툴패스 작성

4-1. 페이스 황삭 생성하기

1) ESPRIT은 가공할 영역의 피처를 생성하고 피처에 툴패스 전략을 생성하는 방식으로 진행된다. 페이스(면 가공) 피처를 생성해본다.

2) 페이스 피처의 경우 외경에 해당하는 X점을 생성 후 원점까지 잇는 선분을 이용하여 생성해본다. 스마트 툴바의 해체된 도형 - 점을 클릭한다.

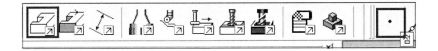

3) 데카르트식/중앙에 체크하고 Z값에 15를 입력하여 소재 반경만큼 가공할 수 있게 한다.

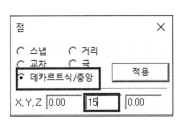
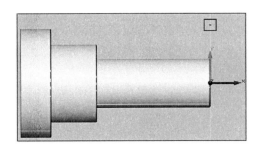

4) 스마트 툴바의 피처 만들기 - 수동 체인을 클릭한다.

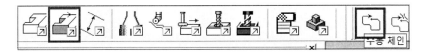

5) 생성한 X45, Z0의 점을 클릭하고 원점을 클릭한 다음 상담의 주기 중지 버튼을 누르면 해당 점 두 개를 잇는 피처가 생성된다.

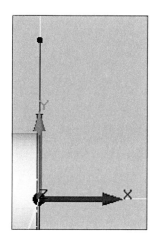

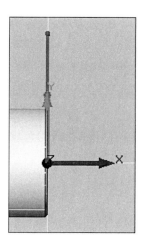

6) 피처 트리에 1 연결이라는 피처가 생성되었다.

7) 해당 피처를 선택하고 스마트 툴바의 솔리드 턴 - 황삭을 클릭하여 툴패스를 생성한다.

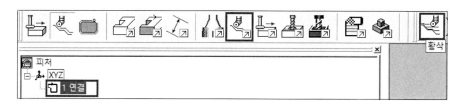

8) 작업 이름에 페이스 황삭이라고 입력하고, 공구를 T1 공구로 선택한다. 피드 및 회전수는 아래 그림과 같이 오른쪽 칸에 S200(m/min), F0.2(mm/rev)를 입력한다.

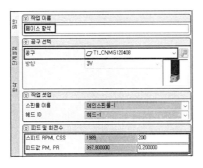

9) 두 번째 단계설정 탭에서는 작업 종류를 면으로 지정해준다. 피처를 생성할 때 점을 더 여유 있게 입력해서 연장해도 되지만 피처 연장에서 연장 길이를 입력 하여 연장해도 된다. 급속 어프로치/이탈 탭에서는 공구진입모드 Z만, Z값 기입 칸에 5를 입력한다. 공구이탈모드도 같이 설정해준다.

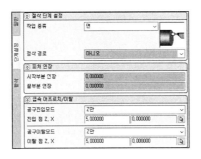

급속 어프로치/이탈은 공구가 진입하고 빠질 때 일정 지점까지 G0으로 급속이 송하고 그 후 툴패스 지점까지 G1로 이동하게 되는데 이 지점을 정의한다. 이 부분을 정의하지 않으면 툴패스 직전까지 G0으로 이동하게 된다.

10) 세 번째 황삭 탭에서는 소재 종류를 자동화로 변경한다. 자동화는 소재의 남은 양을 자동으로 계산해주는 기능이다.

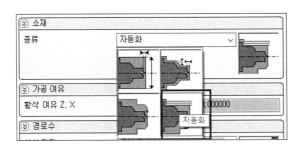

11) 황삭 여유는 0.2, 0.2를 입력하여 황삭 툴패스로 생성한다.

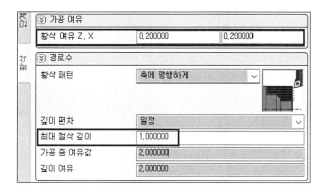

12) 툴패스가 생성되었다.

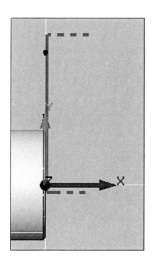

4-2. 페이스 정삭 생성하기

1) 이번에는 페이스 정삭 툴패스를 생성한다.
2) 피처 트리의 1 연결 피처를 선택하고 스마트 툴바의 솔리드 턴 - 윤곽 툴패스
를 선택한다.

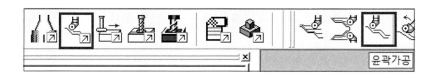

3) 첫 번째 일반 탭에서는 아래 그림과 같이 툴패스 이름, 공구, 피드 및 회전수를 설정한다.

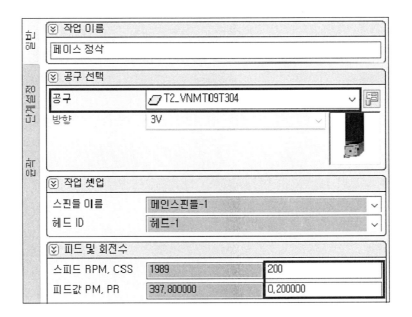

4) 두 번째 단계설정 탭에서는 면으로 설정한다.

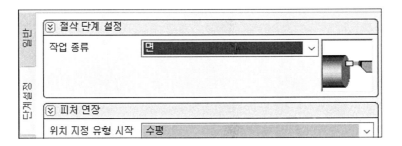

5) 급속 어프로치/이탈 부분도 황삭과 마찬가지로 설정한다.

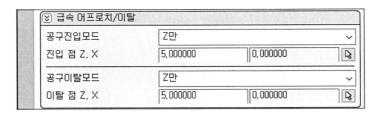

6) 윤곽 탭 확인 후 확인을 누르면 페이스 정삭 툴패스가 생성된다.

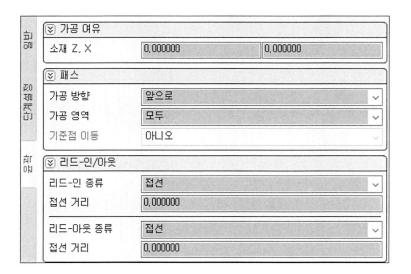

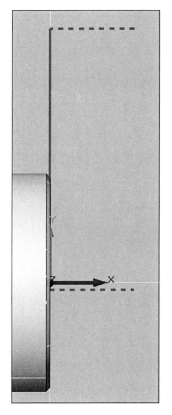

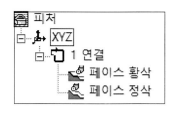

5 외경 툴패스 작성

5-1. 외경 황삭 생성하기

1) 이번에는 외경 황삭 툴패스를 생성한다.

2) 스마트 툴바의 피처 만들기 - 터닝 프로파일을 클릭한다.

3) 터닝 프로파일 창이 뜨면 아래 그림처럼 솔리드 전체를 선택한다. (한 면을 클릭한 후 마우스 우클릭, 다시 좌클릭하면 솔리드 전체가 선택된다.)

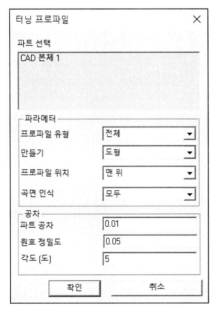

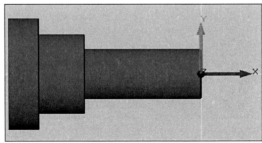

4) 확인을 누르면 터닝 프로파일이 생성된다.

5) 마스크에서 솔리드, 피처, 툴패스를 체크 해제하여 도형만 보이게 한다.

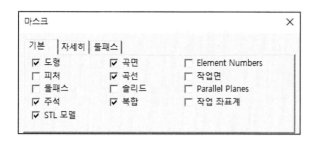

6) 아래 그림과 같이 나타난다.

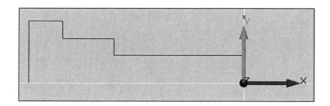

7) 선삭에 필요한 모서리를 아래와 같이 드래그하여 선택한다.

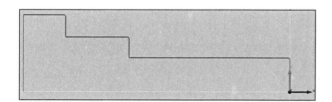

8) 해당 모서리를 클릭한 후, 스마트 툴바의 자동 연결 버튼을 누르면 피처가 생성된다.

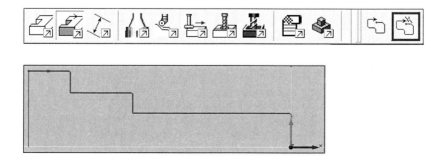

9) 피처의 방향이 거꾸로 되어 있기 때문에 스마트 툴바 - 피처 만들기 - 반전 버튼을 눌러 피처의 방향을 뒤집어준다.

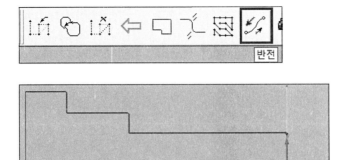

10) 생성된 2 연결 피처를 선택한 뒤 스마트 툴바의 - 솔리드 턴 - 황삭을 눌러 외경 황삭 툴패스를 생성한다.

11) 첫 번째 일반 탭에서 툴패스 명, 공구 선택, 피드 및 회전수를 설정한다.

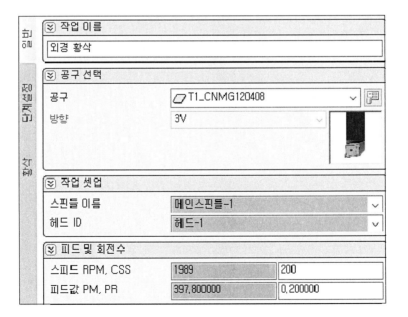

12) 두 번째 단계설정 탭에서 작업 종류를 외경으로 설정하고, 시작부분 연장에
    1mm, 끝부분 연장에 2mm를 입력한다.

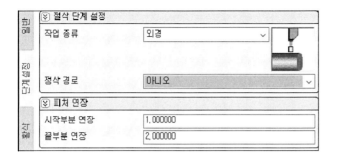

13) 급속 어프로치/이탈에서 공구진입모드는 Z 후 X, Z5, X30을 입력한다. 공구이
    탈모드는 X 후 Z, Z5, X30을 입력한다. (X는 반경값이다. 코드는 X60으로 출
    력된다.)

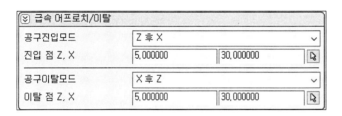

14) 세 번째 황삭 탭에서 자동화 설정, 황삭 여유 0.2, 0.2를 입력하고 최대 절삭
    깊이를 1.2로 설정한다.

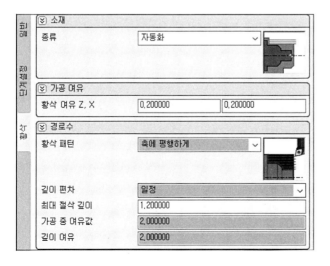

15) 외경 황삭 툴패스가 생성되었다.

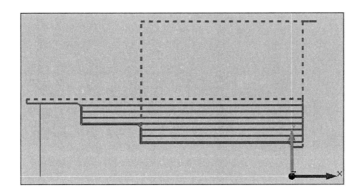

5-2. 외경 정삭 생성하기

1) 이번에는 외경 정삭 툴패스를 생성한다.
2) 피처 트리의 2 연결 피처를 선택하고 스마트 툴바의 솔리드 턴 - 윤곽 툴패스를 선택한다.

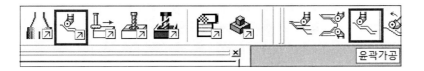

3) 첫 번째 일반 탭에서는 아래 그림과 같이 툴패스 이름, 공구, 피드 및 회전수를 설정한다.

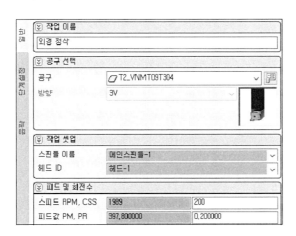

4) 두 번째 단계설정 탭에서는 외경으로 설정하고, 피처 연장에서 시작부분 1mm, 끝부분을 2mm 연장한다.

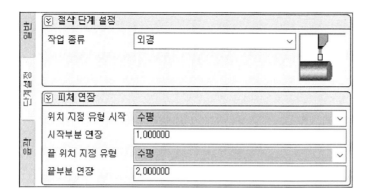

5) 급속 어프로치/이탈의 공구진입모드를 Z만으로 설정하고 Z5 값을 입력한다. 공구이탈모드는 X 후 Z로 설정하고, Z5, X30 값을 입력한다.

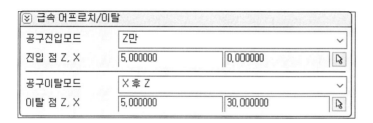

6) 윤곽 탭에서 가공 여유를 0으로 하고, 리드인을 Z와 X 오프셋, Z값 5mm, 리드 아웃을 Z와 X 오프셋, X값 5를 입력한다.

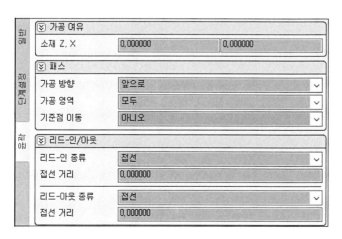

7) 경로 확인 후 확인을 누르면 페이스 정삭 툴패스가 생성된다.

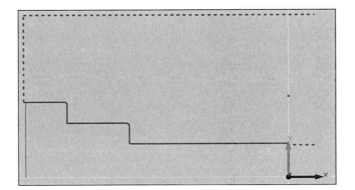

6 시뮬레이션 및 NC 코드 출력

6-1. 공정 작업 순서 변경하기

1) 작업 탭으로 이동한다.

2) 드래그로 작업의 순서를 변경할 수 있다. 황삭 가공 후 정삭 가공을 진행하는
    것으로 공정의 순서를 변경하겠다.
3) 아래 그림과 같이 외경 황삭을 페이스 황삭 밑으로 드래그하여 작업 순서를 변
    경한다.

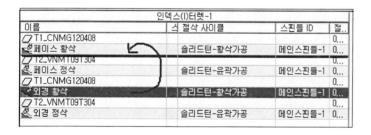

6-2. 시뮬레이션

1) 작업 순서의 변경이 완료되면 시뮬레이션으로 가공을 미리 확인해볼 수 있다.
2) 작업 탭에서 전체 공정을 선택한 후, 스마트 툴바의 시뮬레이션 - 실행으로 시
    뮬레이션을 재생할 수 있다.

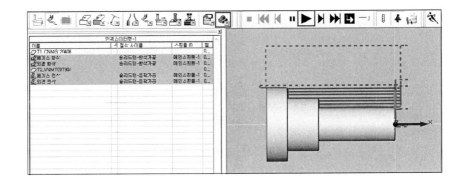

3) 툴바의 재생, 일시정지 버튼으로 시뮬레이션을 조정할 수 있고, NC 데이터 포인트 하나씩 이동하여 보는 키는 아래와 같다.

4) 시뮬레이션의 속도는 오른쪽의 바를 조정하여 조절할 수 있다.

5) 장비의 머신 베이스, 헤드 터렛, 테이블, 스핀들, 고정구 가시성은 아래 버튼으로 조정할 수 있다.

6) 또한 스톡, 모델, 작업 비교를 표시하는 아이콘은 아래와 같다.

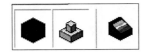

7) 아래 그림과 같이 시뮬레이션을 확인할 수 있다.

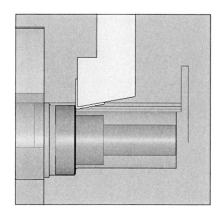

기계 시뮬레이션을 위해 기계 템플릿 파일을 적용하면 아래와 같이 기계 시뮬레이션 확인이 가능하다.

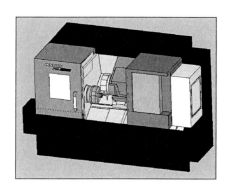

8) 시뮬레이션이 완료된 후, 작업 비교 아이콘을 누르면 과삭과 미삭 부분을 확인할 수 있다. 빨간색으로 표현되면 과삭, 초록색 정삭, 파란색 미삭이다.

6-3. NC 코드 출력

1) 시뮬레이션에서 이상이 없음을 확인하였으면 NC 코드를 생성해본다.

2) 작업 탭에서 공정을 전체선택하고 마우스 우클릭하여 고급 NC 코드를 누른다.

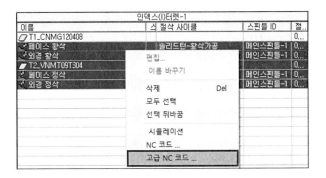

3) NC 코드 창이 뜨면 하얀색 빈 공간을 클릭한다.

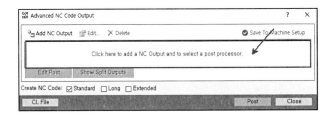

4) 포스트 프로세서 창이 뜨면 다시 하얀색 빈 공간을 클릭한다.

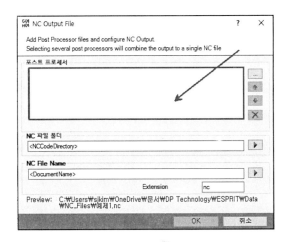

5) 파일 탐색기가 열리면 두산 Doosan_Lynx 포스트를 선택하여 열기를 누른다.

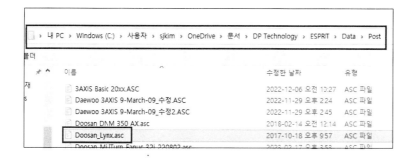

6) OK를 누른다.

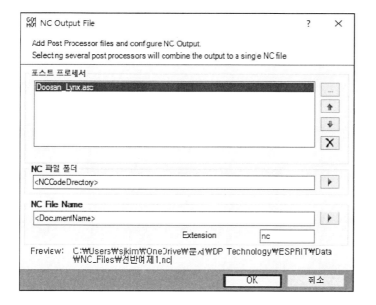

7) POST를 누른다.

8) ESPRIT NC 편집기가 열리면서 NC 코드가 출력되었다.

9) 코드 파일은 아래 위치에 저장된다.

7-1. 프로젝트 저장하기

1) ESPRIT의 프로젝트 파일의 확장자는 .esp이다.
2) 상단의 저장 버튼을 누르면 저장할 수 있다.

3) 아래 위치에 저장해두면 열기를 눌렀을 때 아래 경로가 뜬다.

> 내 PC > 문서 > DP Technology > ESPRIT > Data > Esprit_Files

7-2. 템플릿 저장하기

1) ESPRIT은 생성한 툴패스를 템플릿으로 저장하여 같은 타입의 피처에 불러와 속성 값들을 그대로 사용할 수 있다.
2) 이때 템플릿을 사용하기 위한 조건으로는 해당 템플릿에 저장된 공구가 있어야 한다.
3) 템플릿을 저장하는 방법은 피처 탭에서 생성한 툴패스에 마우스 우클릭 - 파일 - 프로세스 저장을 누른다.

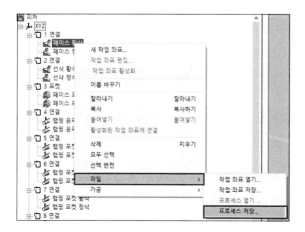

4) 아래 경로에 .prc 확장자 파일로 저장한다.

> 내 PC > 문서 > DP Technology > ESPRIT > Data > Technology

5) 템플릿 파일을 불러올 때는 피처를 생성한 후, 피처 탭에서 피처에 마우스 우클릭 - 파일 - 프로세스 열기를 눌러 저장한 템플릿 파일을 불러온다.

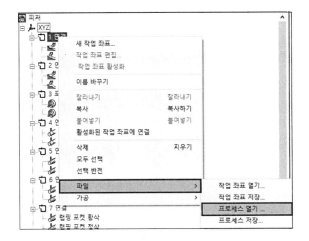

ESPRIT 선반 따라하기 - 예제 2

1-1. ESPRIT 시작하기

1) ESPRIT을 실행한다. 실행하면 아래와 같은 화면이 나온다.

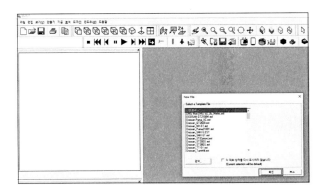

2) 빈 문서에 선택되어 있을 때 확인을 누른다.
3) 상단의 열기 버튼을 누른다.

4) 선반예제2.stp 파일을 선택하고 열기를 누른다. (기계 시뮬레이션을 사용할 때는
병합에 꼭 체크하여야 기계 시뮬레이션을 확인할 수 있다.)

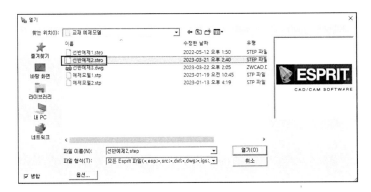

5) 파일이 열린다.

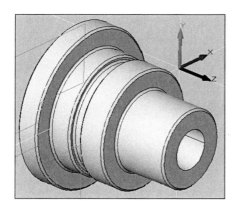

1-2. 작업좌표계 설정하기

1) 좌표계 방향 설정을 위해 Z축으로 정렬할 모델의 앞면을 더블클릭하여 선택한다.

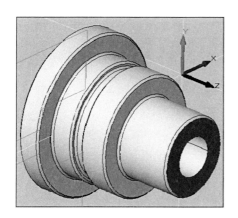

2) X축 정렬 아이콘을 누른다.

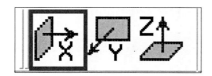

3) 아래와 같이 X축 방향이 정렬된다.

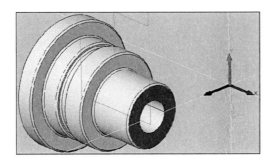

**ESPRIT에서는 화면의 빨간색 X축이 장비에서의 Z축에 해당하며 연두색 Y축이 X축이다.

4) 원점을 축 가운데 맞추기 위하여 아래 그림과 같이 원통형 옆면을 누른다.

5) 다시 한번 X축 정렬 아이콘을 누른다.

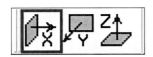

6) 좌표계가 정렬되었다.

기계 시뮬레이션 설정

2-1. 모델 치수 정보 확인

1) 모델의 치수 정보를 확인하려면 솔리드를 전체선택 한다. 전체선택 하는 방법은 아래 그림처럼 하나의 면을 클릭한다.

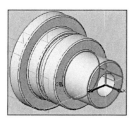

2) 그다음, 마우스 오른쪽 버튼을 클릭하고 다시 왼쪽 버튼을 클릭하면 솔리드 전체가 선택된다.

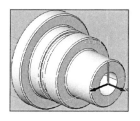 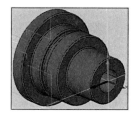

**선택한 면의 색상은 도구 - 옵션 - 그룹 항목에서 색상을 지정할 수 있다.

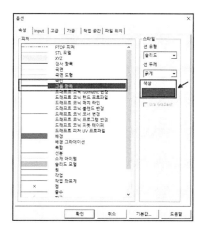

3) 솔리드 탭에서 길이 정보를 확인할 수 있다.

4) 해당 모델은 직경 80파이, 길이 75인 것을 확인하였다.

2-2. 소재 설정

1) 보기 탭 - 툴바 - Smart Toolbar를 체크하여 활성화한다.

2) 스마트 툴바의 시뮬레이션 버튼을 클릭한다.

3) 시뮬레이션 창이 뜨면 시뮬레이션 매개 변수 아이콘을 클릭한다.

4) 파라미터 창이 뜨면 옵션에서 소재 회전 시뮬레이션이 체크 해제되어 있는지 확인한다. 체크되어 있다면 체크 해제한다.

5) 파라미터 창의 솔리드 탭에서 소재 설정을 한다. 아래 그림과 같이 종류 – 소재 / 작성 위치 – 원통으로 설정한다. 외부 반경에는 42를 입력한다. (모델의 직경이 80파이인 것을 감안하여 여유량을 설정한다.) XYZ 1에서 X값은 1을 입력하여 전면 상단에 여유량 1을 설정하고, XYZ 2에 –99를 입력하여 총 길이 100인 소재를 설정한다.

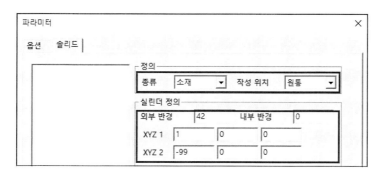

6) 자세히에서 투명에 체크하고 아래 추가 버튼을 누른다.

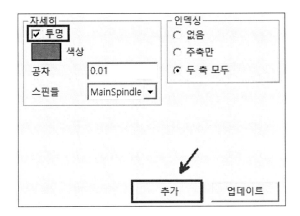

7) 왼쪽 트리에 소재1이 추가되었다.

8) 다음으로 다시 아래의 그림처럼 소재를 추가한다. 종류 - 대상 / 작성 위치 - 솔리드로 설정하고, 피처 선택의 마우스 모양 버튼을 클릭하고 솔리드를 선택해 준다. 아래의 투명은 체크 해제하고 색상은 원하는 색상으로 설정한 후 추가를 누른다.

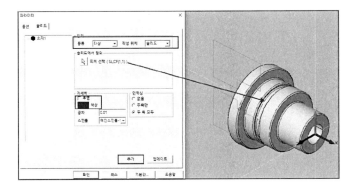

9) 소재와 솔리드가 설정되었다.

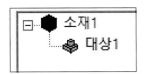

10) 확인을 누른다.

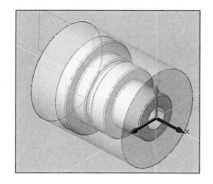

11) 보기 - 마스크를 클릭하여 화면 내에 마스크 창을 띄운다.

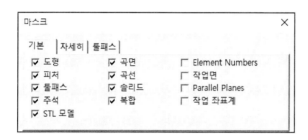

12) 마스크 창에서 자세히 - 선반 소재를 체크 해제하면 노란색으로 보이는 소재가 숨김 처리된다.

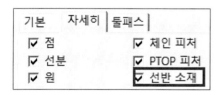

13) 마스크 창에서 자세히 탭 - 스핀들이 체크되어 있는지 확인한다. 마스크 창에서 체크 유무로 해당 화면이 그래픽 창에서 on/off된다.

14) 가공 탭 - 가공 설정 - 기계 설정을 클릭한다.

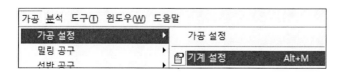

15) 솔리드턴 머신 셋업 창에서 머신 어셈블리 - 인덱스(I)터렛-1을 클릭하고 홈 위치를 수정한다. X300, Z300으로 설정하여 터렛의 홈 위치를 설정한다.

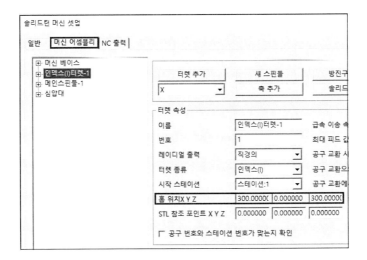

16) 솔리드턴 머신 셋업 창에서 머신 어셈블리 - 기계 속성에서 기계 원점 Z값에 -25를 입력하고 확인을 누른다.

17) 아래와 같이 스핀들이 정렬되었다.

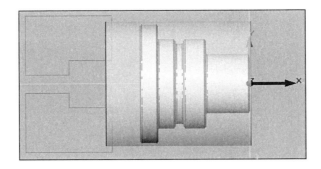

18) 스마트 툴바의 시뮬레이션 - 일시 중지 버튼을 누르면 소재 설정을 확인해볼 수 있다.

19) 시뮬레이션 툴바에서 아래 그림처럼 대상 표시를 누르면 모델과 소재가 같이 보인다.

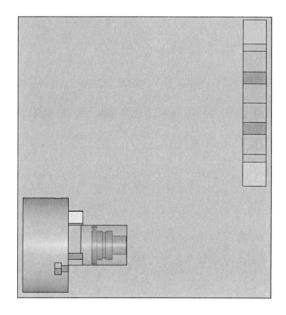

20) 시뮬레이션 창을 해제하려면 중지 버튼을 누른다.

21) 기계 시뮬레이션을 위해 스핀들이 소재를 무는 위치를 변경하였다.

3 공구 생성

3-1. 공구 어셈블리 생성

1) 왼쪽 트리의 공구 탭을 누른다.

2) 예제 1번에서 만든 공구 2개를 불러온다. 스테이션:1에 마우스 우클릭하여 파일 - 열기를 누른다.

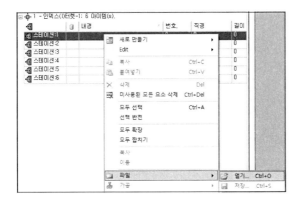

3) 선반 예제1.etl 파일을 눌러서 공구 파일을 가져온다.

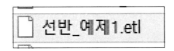

4) 아래 그림과 같이 황삭용 1번 공구와 정사용 2번 공구를 불러왔다.

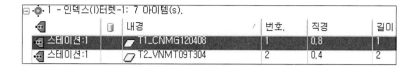

5) 2번 공구는 스테이션:2로 드래그하여 2번에 장착하도록 한다.

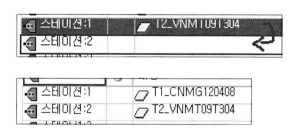

6) 이번엔 그루브 공구를 생성한다. 스테이션:4에 마우스 우클릭 - 새로 만들기 - 선반 공구 - 그루브 인서트를 누른다.

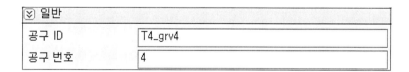

7) 공구 ID에 T4_GR4를 입력하고 공구 번호는 4로 기입한다.

⊗ 일반	
공구 ID	T4_grv4
공구 번호	4

8) 세팅 탭에서 UPPER TURRET에 장착되어 있는지 확인하고, 공구 방향을 3V로 설정한다.

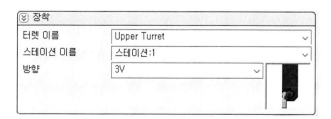

9) 홀더는 시스템 기본값을 사용한다.

10) 인서트 탭에서 아래 그림과 같이 너비 4, 노즈 반경 0.2를 입력한다.

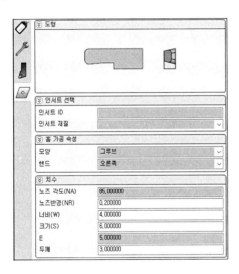

11) 확인을 눌러 그루브 공구를 완성한다.

12) 이번엔 절단용 그루브 공구를 생성한다. 스테이션:5에 마우스 우클릭 - 새로 만들기 - 선반 공구 - 그루브 인서트를 누른다.

13) 공구 ID에 T4_GR4를 입력하고 공구 번호는 5로 기입한다.

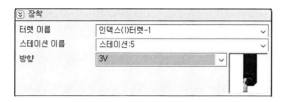

⊗ 일반	
공구 ID	T5_절단공구
공구 번호	5

14) 세팅 탭에서 인덱스터렛-1 스테이션:5에 장착되어 있는지 확인하고, 공구 방향을 3V로 설정한다.

⊗ 장착	
터렛 이름	인덱스(I)터렛-1
스테이션 이름	스테이션:5
방향	3V

15) 홀더는 시스템 기본값을 사용한다.

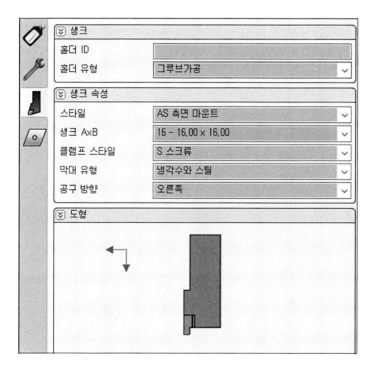

⊗ 생크	
홀더 ID	
홀더 유형	그루브가공

⊗ 생크 속성	
스타일	AS 측면 마운트
생크 AxB	16 - 16.00 x 16.00
클램프 스타일	S 스크류
막대 유형	냉각수와 스틸
공구 방향	오른쪽

⊗ 도형	

16) 인서트 탭에서 아래 그림과 같이 노즈 반경 0.4, 너비 3, 크기 4, E 50, 두께
    3을 입력한다.

⊗ 치수	
노즈 각도(NA)	85.000000
노즈반경(NR)	0.400000
너비(W)	3.000000
크기(S)	4.000000
E	50.000000
두께	3.000000

17) 확인을 눌러 절단용 그루브 공구를 완성한다.

18) 이번에는 면 방향의 드릴 공구를 생성한다. 스테이션:6에 마우스 우클릭 - 새
    로 만들기 - 밀링 공구 - 드릴을 클릭한다.

19) 공구 ID에 T3_DR20_FACE를 입력하고 공구 번호를 3으로 지정한다.

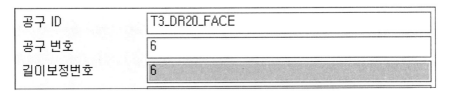

공구 ID	T3_DR20_FACE
공구 번호	6
길이보정번호	6

20) 두 번째 세팅 탭에서 공구의 방향을 Z+로 설정한다.

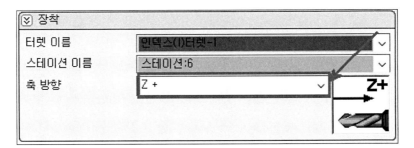

21) 커터 탭에서 아래와 같이 공구 직경을 20, 절삭 길이 100, 공구 길이 150으로 설정하고 확인을 누른다.

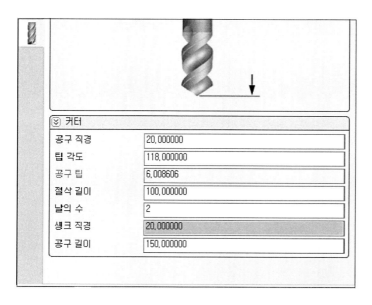

22) 이렇게 설정한 공구는 전체선택한 뒤 마우스 우클릭하여 파일로 저장해두고 불러올 수 있다. 선반예제2 이름으로 저장해둔다.

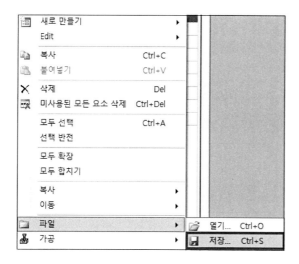

23) 기계 파일에 공구를 세팅해두고 저장해서 불러오는 것도 세팅 시간을 줄일 수 있는 방법이다.

4 면 툴패스 작성

4-1. 페이스 황삭 생성하기

1) ESPRIT은 가공할 영역의 피저를 생성하고 피저에 툴패스 전략을 생성하는 방식으로 진행된다. 피처를 생성하기 위한 터닝 프로파일을 생성한다.

2) 스마트 툴바의 피처 만들기 - 터닝 프로파일을 클릭한다.

3) 터닝 프로파일 창이 뜨면 아래 그림처럼 솔리드 전체를 선택한다. (한 면을 클릭한 후 마우스 우클릭, 다시 좌클릭하면 솔리드 전체가 선택된다.)

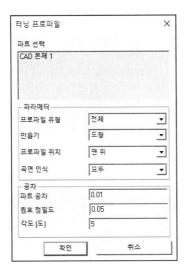

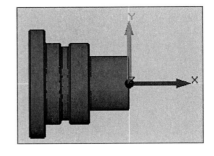

4) 확인을 누르면 터닝 프로파일이 생성된다.

5) 마스크에서 솔리드, 피처, 툴패스를 체크 해제하여 도형만 보이게 한다.

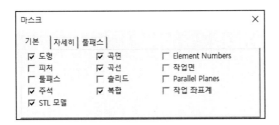

6) 아래 그림과 같이 나타난다.

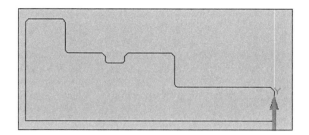

7) 아래 그림과 같이 맨 앞 모서리를 더블클릭하여 선택한다.

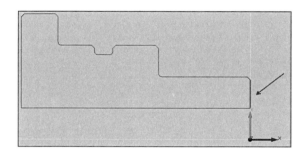

8) 스마트 툴바의 피처 만들기 - 자동 연결을 클릭한다.

9) 피처 트리에 1 연결이라는 피처가 생성되었다.

10) 해당 피처를 선택하고 스마트 툴바의 솔리드 턴 - 황삭을 클릭하여 툴패스를
생성한다.

11) 작업 이름에 페이스 황삭이라고 입력하고, 공구를 T1 공구로 선택한다. 피드 및 회전수는 아래 그림과 같이 오른쪽 칸에 S200(m/min), F0.2(mm/rev)를 입력한다.

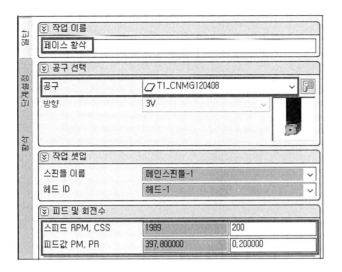

12) 두 번째 단계설정 탭에서는 작업 종류를 면으로 지정해준다.

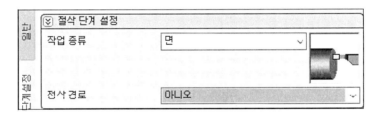

13) 피처 연장에서 끝부분 연장에 10을 입력한다. 내경 부분에 드릴을 뚫기 전에 면 황삭을 진행할 수 있도록 하는 작업이다. 소재에서 자동화를 사용할 예정 이기 때문에 시작부분 연장은 0으로 해두어도 소재만큼 툴패스가 생성된다.

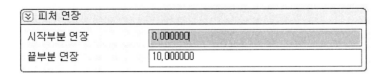

14) 급속 어프로치/이탈에서는 공구진입모드, 공구이탈모드 둘 다 Z만으로 설정하고 Z값에 5를 입력한다.

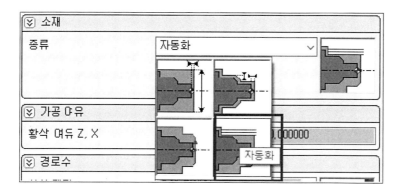

15) 세 번째 황삭 탭에서는 소재 종류를 자동화로 변경한다. 자동화는 소재의 남은 양을 자동으로 계산해주는 기능이다.

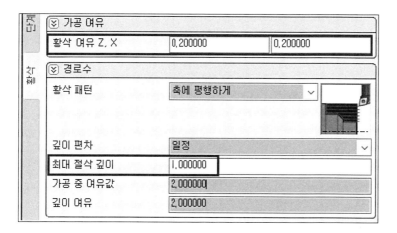

16) 황삭 여유는 0.2, 0.2를 입력하여 황삭 툴패스로 생성한다.

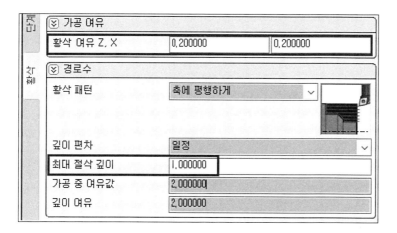

17) 툴패스가 생성되었다.

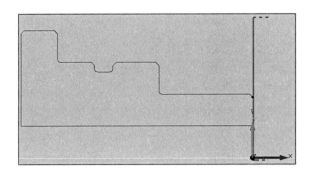

4-2. 페이스 정삭 생성하기

1) 이번에는 페이스 정삭 툴패스를 생성한다.

2) 피처 트리의 1 연결 피처를 선택하고 스마트 툴바의 솔리드 턴 - 윤곽 툴패스를 선택한다.

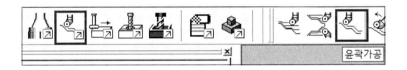

3) 첫 번째 일반 탭에서는 아래 그림과 같이 툴패스 이름, 공구, 피드 및 회전수를 설정한다.

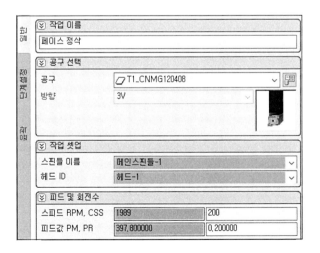

4) 두 번째 단계설정 탭에서는 면으로 설정한다.

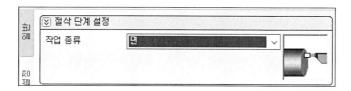

5) 피처 연장에서 아래 그림과 같이 시작부분 연장 30, 끝부분 연장 10을 입력한다.

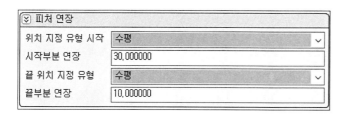

6) 윤곽 탭 확인 후 확인을 누르면 페이스 정삭 툴패스가 생성된다.

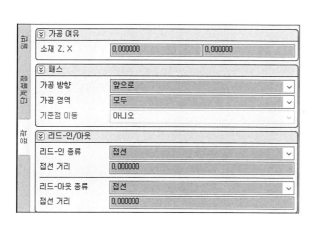
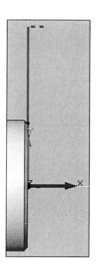

외경 툴패스 작성

5-1. 선삭 황삭 생성하기

1) 선삭에 필요한 모서리를 아래와 같이 느래ㅡ하여 선택한다.

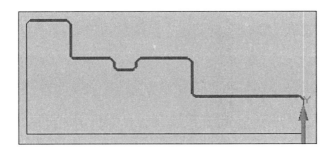

2) 해당 모서리를 클릭한 후, 스마트 툴바의 자동 연결 버튼을 누르면 피처가 생성된다.

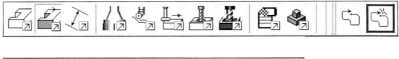

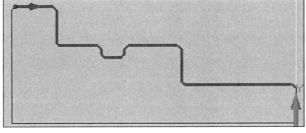

3) 피처의 방향이 거꾸로 되어 있기 때문에 스마트 툴바 - 피처 만들기 - 반전 버튼을 눌러 피처의 방향을 뒤집어준다.

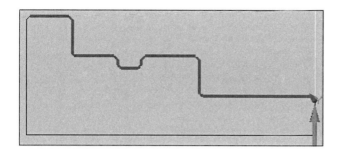

4) 생성된 2 연결 피처를 선택한 뒤 스마트 툴바의 - 솔리드 턴 - 황삭을 눌러 선
   삭 황삭 툴패스를 생성한다.

5) 첫 번째 일반 탭에서 툴패스 명, 공구 선택, 피드 및 회전수를 설정한다.

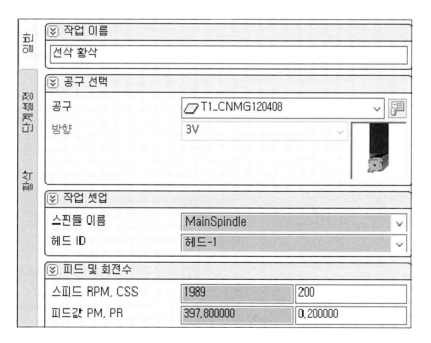

6) 두 번째 단계설정 탭에서 작업 종류를 외경으로 설정하고, 시작부분 연장에 1mm, 끝부분 연장에 2mm를 입력한다.

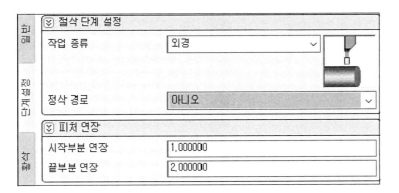

7) 급속 어프로치/이탈에서 공구진입모드를 Z만으로 설정하고, Z값에 5를 입력한다. 공구이탈모드는 Z 후 X로 설정하고, Z5, X50을 입력한다.

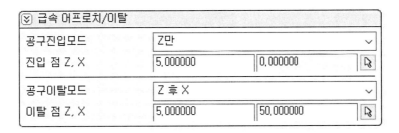

8) 충돌 감지의 언더컷 모드를 아니오로 변경한다. 모델의 그루브 영역에 툴패스가 나오지 않게 하기 위함이다.

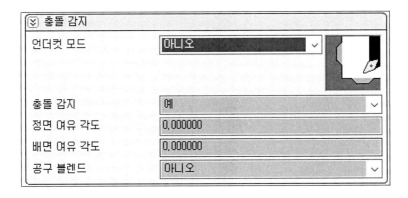

9) 세 번째 황삭 탭에서 자동화 설정, 황삭 여유 0.2, 0.2를 입력하고 최대 절삭 깊이를 1.2로 설정한다.

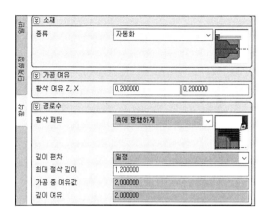

10) 선삭 황삭 툴패스가 생성되었다.

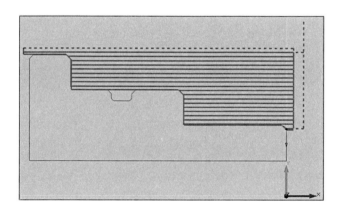

5-2. 선삭 정삭 생성하기

1) 이번에는 선삭 정삭 툴패스를 생성한다.
2) 피처 트리의 2 연결 피처를 선택하고 스마트 툴바의 솔리드 턴 – 윤곽 툴패스를 선택한다.

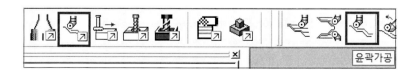

3) 첫 번째 일반 탭에서는 아래 그림과 같이 툴패스 이름을 선삭 정삭으로 입력하고 아래와 같이 2번 공구를 선택한다. 피드 및 회전수를 설정한다.

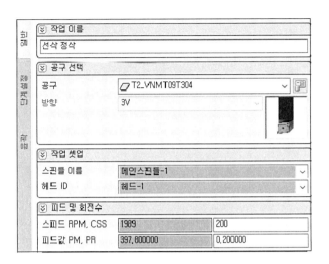

4) 두 번째 단계설정 탭에서는 외경으로 설정하고, 피처 연장에서 시작부분 1mm, 끝부분을 2mm 연장한다.

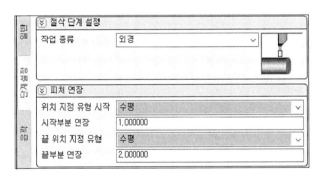

5) 급속 어프로치/이탈에서 공구진입모드는 Z만으로 설정하고 Z5를 입력한다. 공구 이탈모드는 X 후 Z로 설정하고 Z5, X50을 입력한다.

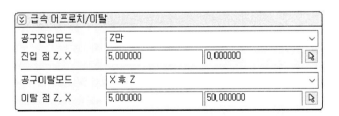

6) 충돌 감지의 언더컷 모드를 아니오로 변경한다. 모델의 그루브 영역에 툴패스가
   나오지 않게 하기 위함이다.

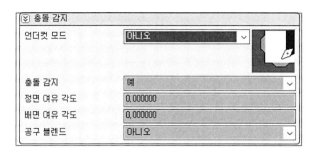

7) 윤곽 탭에서 가공 여유가 0으로 되어 있는지 확인한다.

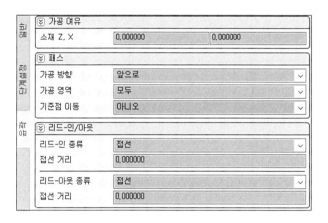

8) 확인을 누르면 선삭 정삭 툴패스가 생성된다.

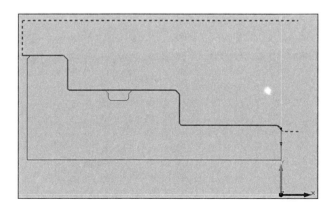

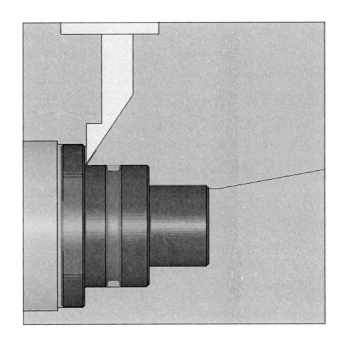

6 그루브 툴패스 작성

6-1. 그루브 툴패스 생성하기

1) 아래 그림 영역의 피처를 생성해본다.

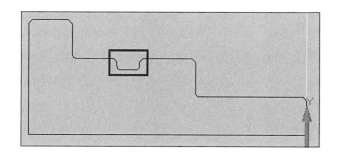

2) 드래그로 해당 도형을 선택한 후, 스마트 툴바의 피처 만들기 - 자동 연결을 누른다.

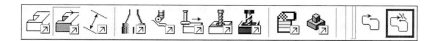

3) 피처의 방향이 거꾸로 되어 있기 때문에 스마트 툴바 - 피처 만들기 - 반전 버튼을 눌러 피처의 방향을 뒤집어준다.

4) 해당 3 연결 피처를 선택한 후, 스마트 툴바의 솔리드턴 - 그루브를 선택한다.

5) 일반 탭에서 툴패스 이름을 그루브로 변경하고, 공구는 생성해둔 4번 그루브 공구로 설정한다. 적절한 피드 및 회전수를 입력한다.

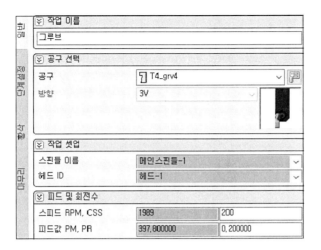

6) 단계설정 탭에서는 외경으로 되어 있는지 확인한다.

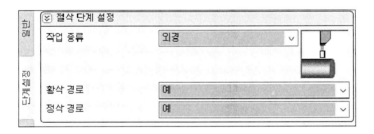

7) 급속 어프로치/이탈에서 공구진입모드, 공구이탈모드 둘 다 X만으로 설정 후, X 값에 40을 입력한다. 공구 진입, 이탈 시 X80좌표까지 급속 이송 후 G01로 움직이게 된다.

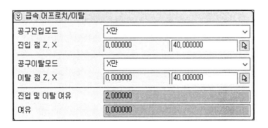

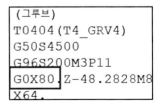

```
(그루브)
T0404(T4_GRV4)
G50S4500
G96S200M3P11
G0X80.Z-48.2828M8
X64.
```

8) 황삭 탭에서는 자동화로 설정하고, 황삭 여유를 각 0.2로 입력한다.

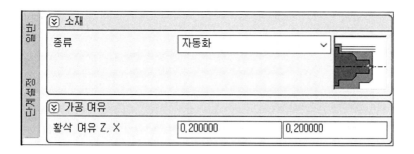

9) 그루브 유형은 다중 플런지, 스텝 오버 2, 사전-정삭은 예로 변경한다.

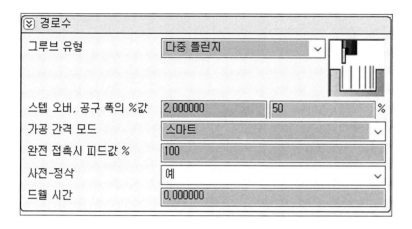

10) 마무리 탭에서 정삭 설정을 진행한다. 정삭 여유 0으로 설정하고, 피드 및 회전수에 적절한 값을 기입한다. 리드인/아웃은 Z와 X 오프셋, X값 5로 설정한다. 이 리드인아웃은 정삭 툴패스의 길이를 연장한다.

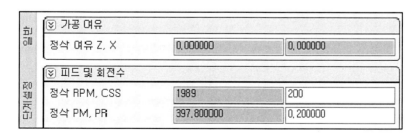

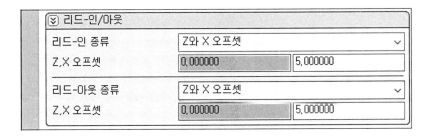

11) 확인을 누르면 그루브 툴패스가 완성된다.

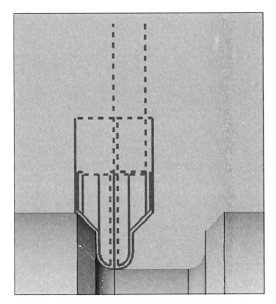

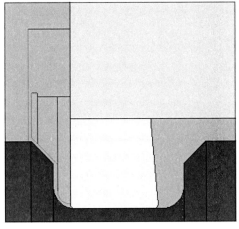

드릴 툴패스 작성

7-1. 드릴 툴패스 생성하기

1) 드릴 가공 공정을 추가한다.

2) 마스크에서 다시 솔리드가 보이도록 솔리드를 체크한다.

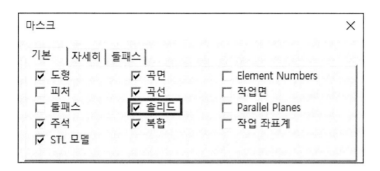

3) 가운데 내경 부분 면을 선택하고 스마트 툴바의 피처 만들기 – Hole Recognition을 눌러 홀 피처를 생성한다.

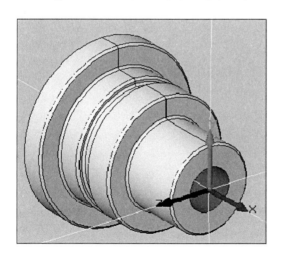

4) Hole Recognition 창에서 최대 직경을 30으로 키워 홀 피처가 생성되는 범위를 키우고 확인을 누른다.

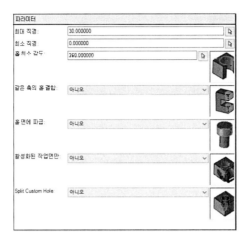

5) 1 Simple Hole Ø20 dp75 홀 피처가 생성되었다.

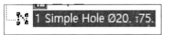

6) 생성된 홀 피처를 선택하고, 스마트 툴바의 솔리드턴 - 드릴링을 누른다.

7) 일반 탭에서 툴패스 이름을 지정하고, 공구는 20파이 드릴로 선택한다.

8) 드릴 탭에서 사이클 타입을 펙으로 설정하고 펙 깊이, 펙 증분값을 7.5로 설정한다. 깊이는 홀 피처에서 생성된 값을 읽는다.

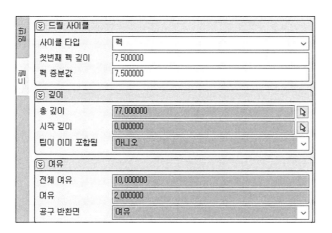

9) 여유에서 공구 반환면은 전체 여유로 변경한다.

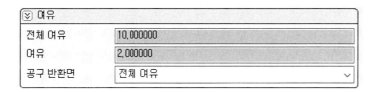

10) 확인을 누르면 홀 툴패스가 생성된다.

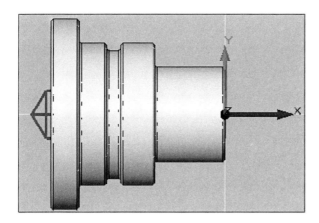

절단 툴패스 작성

8-1. 절단 툴패스 작성하기

1) 다시 마스크에서 도형만 보이게 설성하고 아래 그림과 같이 도형을 선택힌디.

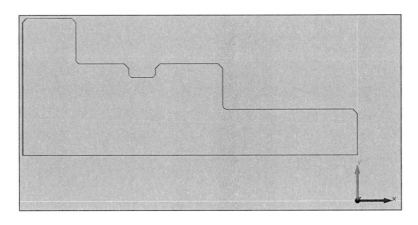

2) 스마트 툴바의 피처 만들기 - 자동 연결을 누른다.

3) 4 연결 피처가 생성되었다.

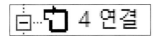

4) 4 연결 피처를 선택하고 솔리드턴 - 절단 아이콘을 누른다.

5) 일반 탭에서 아래와 같이 T5 절단 공구를 선택하고 가공 조건을 입력한다.

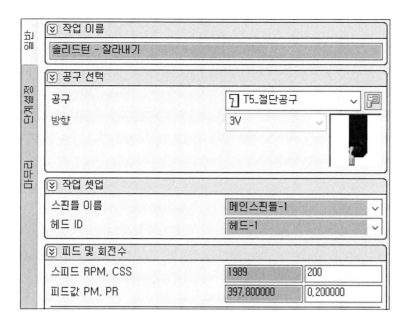

6) 단계설정에서 황삭 경로 - 아니오, 정삭 경로 - 예로 설정한다.

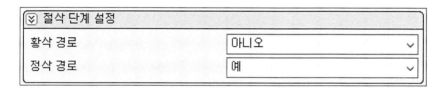

7) 급속 어프로치/이탈에서 공구진입모드 - X만, X50을 입력하고 공구이탈모드 - X만, X50을 입력한다.

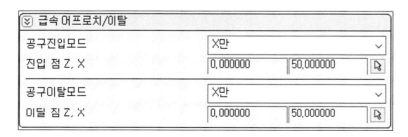

8) 마무리 탭에서 정삭 피드 및 회전수를 설정하고, 리드인아웃을 아래 그림과 같이 설정한다. 리드인 - 접선, 접선거리 3 / 리드아웃 - 접선, 접선거리 10으로 설정한다. 리드인아웃은 툴패스를 연장시키는 기능을 한다.

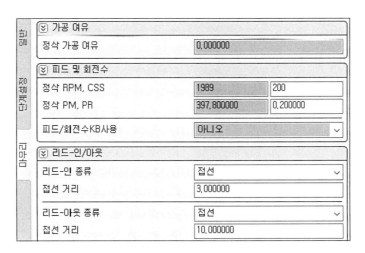

9) 확인을 누르면 절단 툴패스가 생성된다.

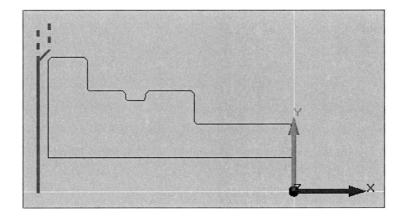

9-1. 공정 작업 순서 변경하기

1) 작업 탭으로 이동한다.

2) 드래그로 작업의 순서를 변경할 수 있다. 황삭 가공 후 정삭 가공을 진행하는 것으로 공정의 순서를 변경하겠다.

3) 아래 그림과 같이 작업 순서를 변경하였다.

인덱스(I)터렛-1				
이름	시	절삭 사이클	스핀들 ID	절..
T1_CNMG120408				0...
페이스 황삭		솔리드턴-황삭가공	메인스핀들-1	0...
선삭 황삭		솔리드턴-황삭가공	메인스핀들-1	0...
T2_VNMT09T304				0...
페이스 정삭		솔리드턴-윤곽가공	메인스핀들-1	0...
선삭 정삭		솔리드턴-윤곽가공	메인스핀들-1	0...
T4_grv4				0...
그루브		솔리드턴 - 그르부가공	메인스핀들-1	0...
T3_DR20_FACE				0...
DR20		솔리드턴 - 드릴링	메인스핀들-1	0...
T5_절단공구				0...
솔리드턴 - 잘라내기		솔리드턴 - 잘라내기	메인스핀들-1	0...

9-2. 시뮬레이션

1) 작업 순서의 변경이 완료되면 시뮬레이션으로 가공을 미리 확인해볼 수 있다.

2) 작업 탭에서 전체 공정을 선택한 후, 스마트 툴바의 시뮬레이션 - 실행으로 시뮬레이션을 재생할 수 있다.

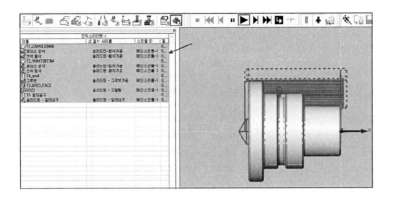

3) 툴바의 재생, 일시정지 버튼으로 시뮬레이션을 조정할 수 있고, NC 데이터 포인트 하나씩 이동하여 보는 키는 아래와 같다.

4) 시뮬레이션의 속도는 오른쪽의 바를 조정하여 조절할 수 있다.

5) 장비의 머신 베이스, 헤드 터렛, 테이블, 스핀들, 고정구 가시성은 아래 버튼으로 조정할 수 있다.

6) 또한 스톡, 모델, 작업 비교를 표시하는 아이콘은 아래와 같다.

7) 아래 그림과 같이 시뮬레이션을 확인할 수 있다.

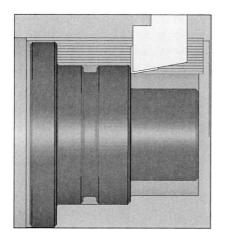

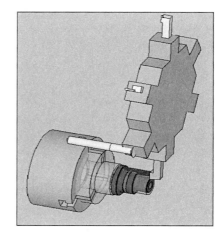

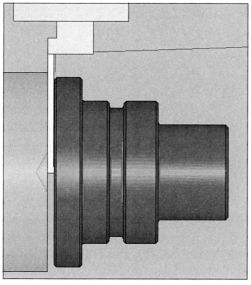

9-3. NC 코드 출력

1) 시뮬레이션에서 이상이 없음을 확인하였으면 NC 코드를 생성해본다.

2) 작업 탭에서 공정을 전체선택 하고 마우스 우클릭하여 고급 NC 코드를 누른다.

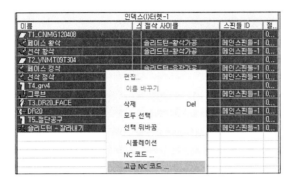

3) NC 코드 창이 뜨면 하얀색 빈 공간을 클릭한다.

4) 포스트 프로세서 창이 뜨면 다시 하얀색 빈 공간을 클릭한다.

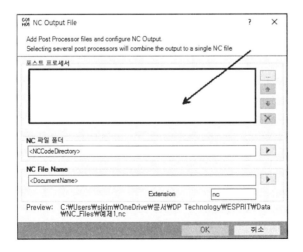

5) 파일 탐색기가 열리면 Doosan_Lynx 포스트를 선택하여 열기를 누른다.

6) OK를 누른다.

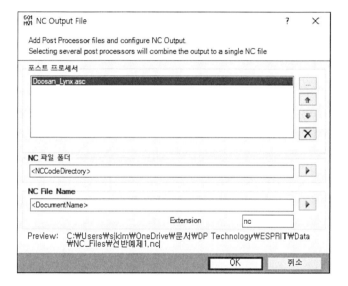

7) POST를 누른다.

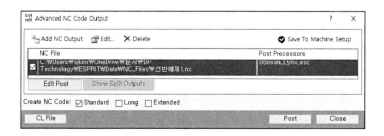

8) ESPRIT NC 편집기가 열리면서 NC 코드가 출력되었다.

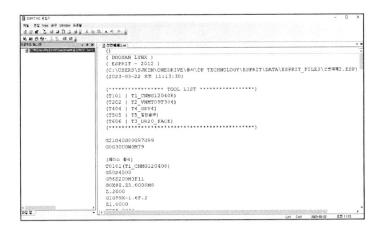

9) 코드 파일은 아래 위치에 저장된다.

> 내 PC > 문서 > DP Technology > ESPRIT > Data > NC_Files		
이름 ^		수정
📄 선반예제1.nc		202
📄 선반예제2.nc		202

10 프로젝트 저장 및 템플릿 저장

10-1. 프로젝트 저장하기

1) ESPRIT의 프로젝트 파일의 확장자는 .esp이다.
2) 상단의 저장 버튼을 누르면 저장할 수 있다.

3) 아래 위치에 저장해두면 열기를 눌렀을 때 아래 경로가 뜬다.

> 내 PC > 문서 > DP Technology > ESPRIT > Data > Esprit_Files

10-2. 템플릿 저장하기

1) ESPRIT은 생성한 툴패스를 템플릿으로 저장하여 같은 타입의 피처에 불러와 속성 값들을 그대로 사용할 수 있다.
2) 이때 템플릿을 사용하기 위한 조건으로는 해당 템플릿에 저장된 공구가 있어야 한다.
3) 템플릿을 저장하는 방법은 피처 탭에서 생성한 툴패스에 마우스 우클릭 - 파일 - 프로세스 저장을 누른다.

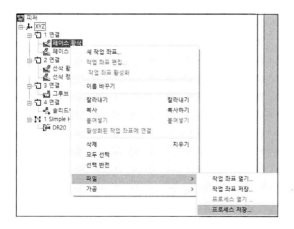

4) 아래 경로에 .prc 확장자 파일로 저장한다.

> 내 PC > 문서 > DP Technology > ESPRIT > Data > Technology

5) 템플릿 파일을 불러올 때는 피처를 생성한 후, 피처 **탭**에서 피처에 마우스 우클릭 - 파일 - 프로세스 열기를 눌러 저장한 템플릿 파일을 불러온다.

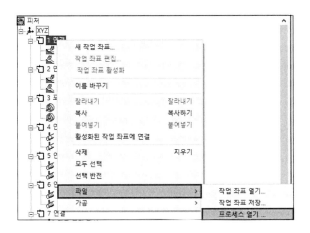

IV

ESPRIT 선반 따라하기
- 예제 3(도면)

1-1. ESPRIT 시작하기

1) ESPRIT을 실행한다. 실행하면 아래와 같은 화면이 나온다.

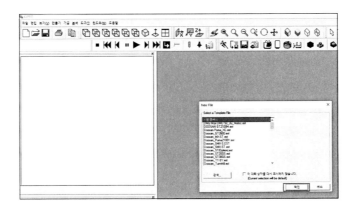

2) 빈 문서에 선택되어 있을 때 확인을 누른다.

3) 상단의 열기 버튼을 누른다.

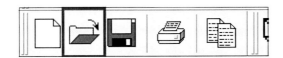

4) 선반예제3.dwg 파일을 선택하고 열기를 누른다. 이번에는 솔리드 파일이 아닌 도면 파일을 이용해서 툴패스를 작성한다.

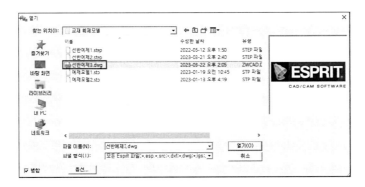

5) 파일이 열린다.

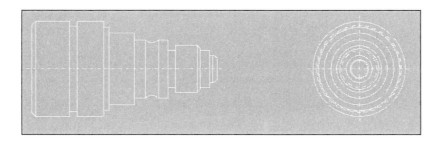

1-2. 작업좌표계 설정하기

1) 좌표계 설정을 위하여 도면을 이동한다.
2) 도면을 드래그하여 전체선택한다.

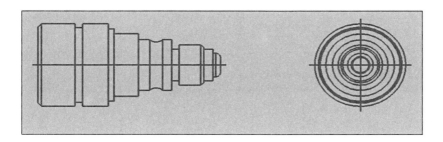

3) 편집 - 복사를 누른다.

4) 복사 창이 뜨면 아래와 같이 이동으로 변경한다. 평행이동 변수는 2개 점 사용으로 한다. 확인을 누른다.

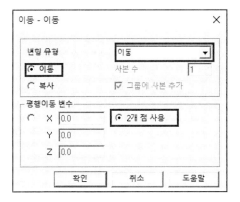

5) 좌측 하단에 '병진 점을 선택하십시오'라는 글이 보이면 아래와 같이 해당 점을 클릭한다.

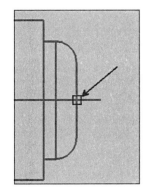

병진 점을 선택하십시오. |0|

6) 좌측 하단에 '대상 점을 선택하십시오'라는 글이 보이면 좌표계의 원점을 클릭한다.

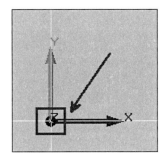

대상 점을 선택하십시오. |EXTREME;S;23;3|

7) 아래와 같이 도면이 이동되었다.

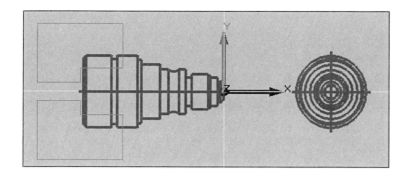

**ESPRIT에서는 화면의 빨간색 X축이 장비에서의 Z축에 해당하며 연두색 Y축이 X축이다.

8) 좌표계가 정렬되었다.

기계 시뮬레이션 설정

2-1. 도면 치수 정보 확인

1) 해당 도면에서 치수를 출력하여 모델의 사이즈를 확인할 수 있다.

2) 스마트 툴바의 치수 기입 - 치수를 선택한다.

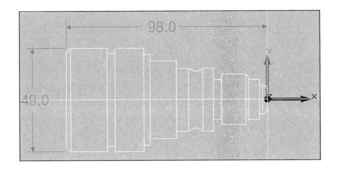

3) 점과 점을 클릭하여 해당 점 사이의 선형 치수를 뽑을 수 있다.

4) 모델의 전장 길이와 직경을 아래와 같이 출력한다.

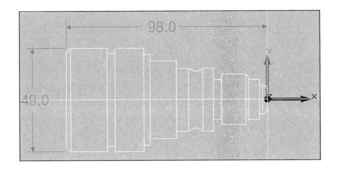

5) 해당 모델은 직경 49파이, 길이 98인 것을 확인하였다.

2-2. 도형 편집 및 피처 작성

1) 기계 시뮬레이션을 위해 피처를 작성한다. 피처를 작성하기 위해 아래 선들을 삭제할 것이다.

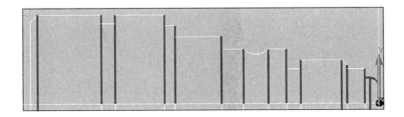

2) 스마트 툴바의 해체된 도형 - 자르기 아이콘을 누른다.

3) 도형을 클릭하면 삭제된다. 아래 그림과 같이 삭제한다.

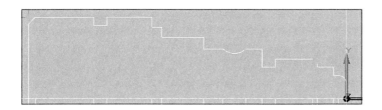

4) 삭제가 다 되었으면 아래 그림과 같이 도형을 드래그하여 선택한다.

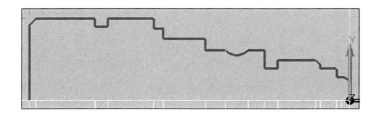

5) 스마트 툴바의 피처 만들기 - 자동 연결을 눌러 피처를 작성한다.

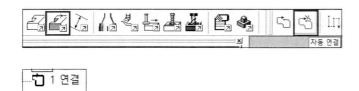

6) 소재 설정에 사용하기 위한 피처를 작성하였다.

2-3. 소재 설정

1) 보기 탭 - 툴바 - Smart Toolbar를 체크하여 활성화한다.

2) 스마트 툴바의 시뮬레이션 버튼을 클릭한다.

3) 시뮬레이션 창이 뜨면 시뮬레이션 매개 변수 아이콘을 클릭한다.

4) 파라미터 창이 뜨면 옵션에서 소재 회전 시뮬레이션이 체크 해제되어 있는지 확인한다. 체크되어 있다면 체크 해제한다.

5) 파라미터 창의 솔리드 탭에서 소재 설정을 한다. 아래 그림과 같이 종류 - 소재 / 작성 위치 - 원통으로 설정한다. 외부 반경에는 25를 입력한다. (모델의 직경 이 49파이인 것을 감안하여 여유량을 설정한다.) XYZ 1에서 X값은 1을 입력하 여 전면 상단에 여유량 1을 설정하고, XYZ 2에 −129를 입력하여 총 길이 130 인 소재를 설정한다.

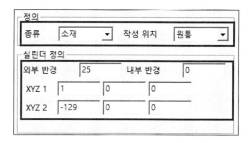

6) 자세히에서 투명에 체크하고 아래 추가 버튼을 누른다.

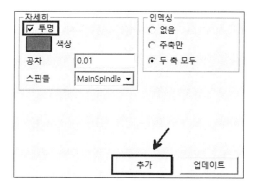

7) 왼쪽 트리에 소재1이 추가되었다.

8) 다음으로 다시 정의 - 종류를 대상으로 설정하고 작성 위치는 회전으로 설정한다.

9) 마스크에서 도형을 안 보이게 설정한 후, 회전된 피처로 정의 - 피처 선택에서 아래 그림과 같이 작성한 피처를 선택한다.

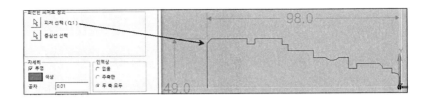

10) 다시 마스크에서 도형을 보이도록 설정한 후, 중심선 선택에서 도형의 중심선을 선택한다.

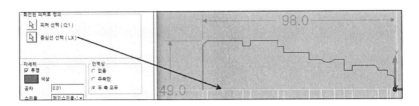

11) 자세히에서 투명을 체크 해제하고 원하는 색상을 지정한다. 추가를 누른다.

12) 소재와 솔리드가 설정되었다.

13) 확인을 누른다.

14) 마스크 창에서 자세히 - 선반 소재를 체크 해제하면 노란색으로 보이는 소재가 숨김 처리된다.

15) 마스크 창에서 자세히 탭 - 스핀들이 체크되어 있는지 확인한다. 마스크 창에서 체크 유무로 해당 화면이 그래픽 창에서 on/off된다.

16) 가공 탭 - 가공 설정 - 기계 설정을 클릭한다.

17) 솔리드턴 머신 셋업 창에서 머신 어셈블리 - 인덱스(I)터렛-1을 클릭하고 홈 위치를 수정한다. X300, Z300으로 설정하여 터렛의 홈 위치를 설정한다.

18) 솔리드턴 머신 셋업 창에서 머신 어셈블리 - 기계 속성에서 기계 원점 Z값에 -50을 입력하고 확인을 누른다.

19) 아래와 같이 스핀들이 정렬되었다.

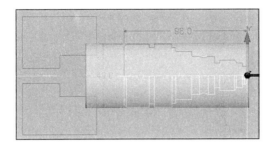

20) 스마트 툴바의 시뮬레이션 - 일시 중지 버튼을 누르면 소재 설정을 확인해볼
수 있다.

21) 시뮬레이션 툴바에서 아래 그림처럼 대상 표시를 누르면 모델과 소재가 같이
보인다.

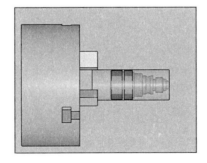

22) 시뮬레이션 창을 해제하려면 중지 버튼을 누른다.

3 공구 생성

3-1. 공구 어셈블리 생성

1) 왼쪽 트리의 공구 탭을 누른다.

2) 예제 2번에서 만든 공구 라이브러리를 불러온다. 스테이션:1에 마우스 우클릭하여 파일 - 열기를 누른다.

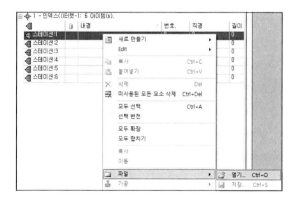

3) 선반 예제2.etl 파일을 눌러서 공구 파일을 가져온다.

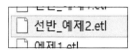

4) 아래 그림과 같이 공구 라이브러리를 불러왔다.

번호,	직경	길이
🗂 1 - 인덱스(I)터렛-1: 6 아이템(s).				
📋 내경				
스테이션:1 T1_CNMG120408	1	0,8	1
스테이션:2 T2_VNMT09T304	2	0,4	2
스테이션:3	0	0	0
스테이션:4 T4_grv4	4	0,2	4
스테이션:5 T5_절단공구	5	0,4	5
스테이션:6 T3_DR20_FACE	6	20	6

5) 4번 그루브 공구를 수정한다. 더블클릭하면 수정이 가능하다.
6) 공구 이름을 T4_grv3으로 수정한다.

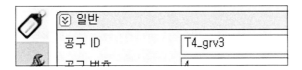

⊗ 일반	
공구 ID	T4_grv3
공구 번호	4

7) 인서트 탭에서 너비, 크기, E를 아래 그림과 같이 수정한다.

⊗ 치수	
노즈 각도(NA)	85,000000
노즈반경(NR)	0,200000
너비(W)	3,000000
크기(S)	4,000000
E	3,000000
두께	3,000000

8) 드릴은 필요하지 않으므로 삭제한다.

스테이션:6	T3_DR20_FACE	6	20	6
	🖹 새로 만들기		▶	
	Edit		▶	
	📋 복사	Ctrl+C		
	📋 붙여넣기	Ctrl+V		
	✕ 삭제	Del		

9) 이렇게 설정한 공구는 전체선택한 뒤 마우스 우클릭하여 파일로 저장해두고 불러올 수 있다. 선반예제3 이름으로 저장해둔다.

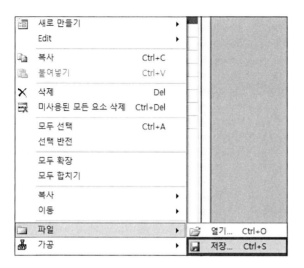

10) 기계 파일에 공구를 세팅해두고 저장해서 불러오는 것도 세팅 시간을 줄일 수 있는 방법이다.

4-1. 페이스 황삭 생성하기

1) 아래 그림과 같이 맨 앞 모서리를 더블클릭하늬 선택한다.

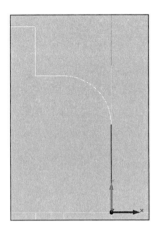

2) 스마트 툴바의 피처 만들기 - 자동 연결을 클릭한다.

3) 피처 트리에 2 연결이라는 피처가 생성되었다.

4) 해당 피처를 선택하고 스마트 툴바의 솔리드 턴 - 황삭을 클릭하여 툴패스를 생성한다.

5) 작업 이름에 페이스 황삭이라고 입력하고, 공구를 T1 공구로 선택한다. 피드 및 회전수는 아래 그림과 같이 오른쪽 칸에 S200(m/min), F0.2(mm/rev)를 입력한다.

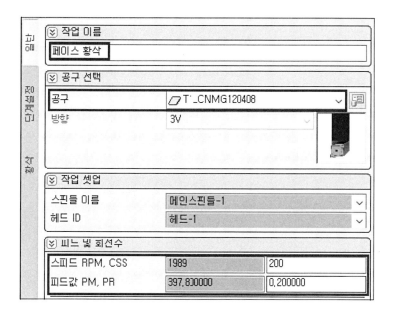

6) 두 번째 단계설정 탭에서는 작업 종류를 면으로 지정해준다.

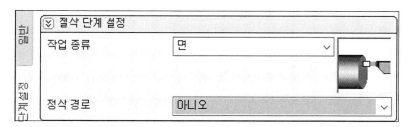

7) 피처 연장은 둘 다 0으로 입력한다. 소재에서 자동화를 사용할 예정이기 때문에 시작부분 연장은 0으로 해두어도 소재만큼 툴패스가 생성된다.

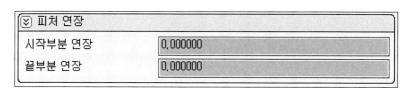

8) 급속 어프로치/이탈에서는 공구진입모드, 공구이탈모드 둘 다 Z만으로 설정하고 Z값에 5를 입력한다.

⊗ 급속 어프로치/이탈			
공구진입모드	Z만		⌄
진입 점 Z, X	5.000000	0.000000	⬚
공구이탈모드	Z만		⌄
이탈 점 Z, X	5.000000	0.000000	⬚

9) 세 번째 황삭 탭에서는 소재 종류를 자동화로 변경한다. 자동화는 소재의 남은 양을 자동으로 계산해주는 기능이다.

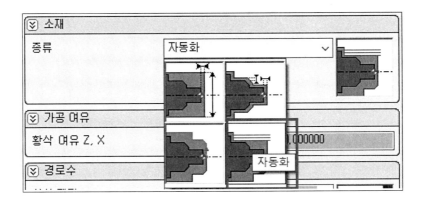

10) 황삭 여유는 0.2, 0.2를 입력하여 황삭 툴패스로 생성한다.

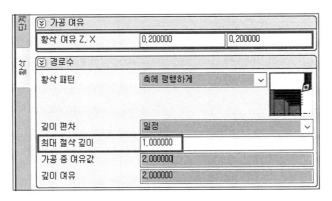

11) 툴패스가 생성되었다.

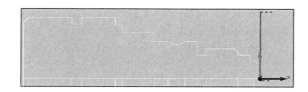

4-2. 페이스 정삭 생성하기

1) 이번에는 페이스 정삭 툴패스를 생성한다.

2) 피처 트리의 1 연결 피처를 선택하고 스마트 툴바의 솔리드 턴 - 윤곽 툴패스를 선택한다.

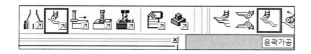

3) 첫 번째 일반 탭에서는 아래 그림과 같이 툴패스 이름, 공구, 피드 및 회전수를 설정한다.

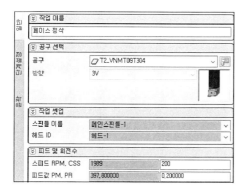

4) 두 번째 단계설정 탭에서는 면으로 설정한다.

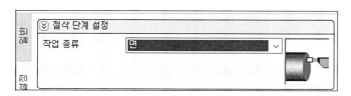

5) 피처 연장에서 아래 그림과 같이 시작부분 연장 25, 끝부분 연장 0을 입력한다. 정삭 윤곽 패스에서는 시작 부분 연장 길이를 입력해주어야 한다.

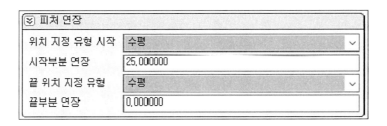

6) 급속 어프로치/이탈에서 공구진입모드와 공구이탈모드 둘 다 Z만으로 설정 후, Z5를 입력한다.

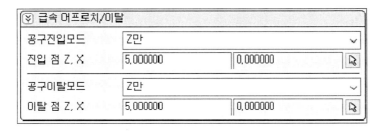

7) 윤곽 탭 확인 후 확인을 누르면 페이스 정삭 툴패스가 생성된다.

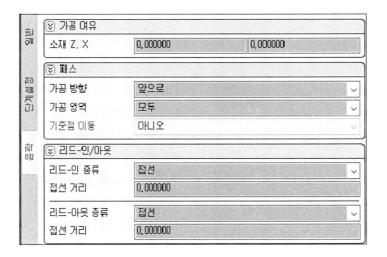

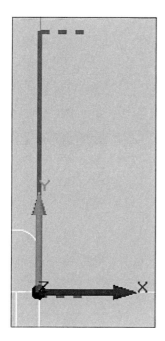

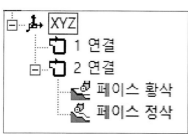

5 외경 툴패스 작성

5-1. 선삭 황삭 생성하기

1) 선삭에 필요한 피처를 생성한다. 해당 모델에서는 아래 그림의 빨간색 영역은
   선삭에서 가공하지만, 파란색 부분은 그루브 공구로 가공할 예정이다.

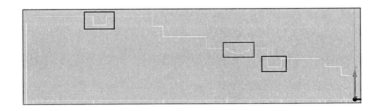

2) 해당 모서리로 피처를 만들어 언더컷을 예로 설정하면 빨간색, 파란색 부분에
   다 툴패스가 생성되게 된다. 그러므로 ESPRIT의 기능을 이용하여 그루브 부분
   에 도형을 그려 원하는 영역을 가공할 수 있게 한다.

3) 스마트 툴바의 해제된 도형 - 선2 아이콘을 누른다.

4) 아래 그림처럼 그루브 영역을 잇는 선을 그려준다.

5) 아래 영역처럼 선을 만들고 튀어나온 선을 자르기로 잘라주면 된다.

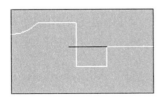 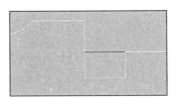

6) 세로로 이어지는 선도 그려준다.

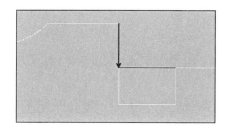

7) 선삭에 필요한 모서리를 아래와 같이 드래그하여 선택한다.

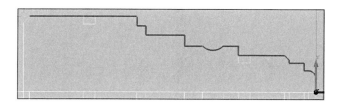

8) 해당 모서리를 클릭한 후, 스마트 툴바의 자동 연결 버튼을 누르면 피처가 생성
   된다.

9) 피처의 방향이 맞게 되어 있는지 확인한다. 반대로 되어 있다면 스마트 툴바 -
   피처 만들기 - 반전 버튼을 눌러 피처의 방향을 뒤집어준다.

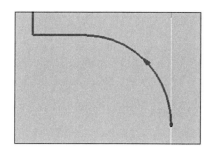

10) 생성된 2 연결 피처를 선택한 뒤 스마트 툴바의 - 솔리드 턴 - 황삭을 눌러 선삭 황삭 툴패스를 생성한다.

11) 첫 번째 일반 탭에서 툴패스 명, 공구 선택, 피드 및 회전수를 설정한다.

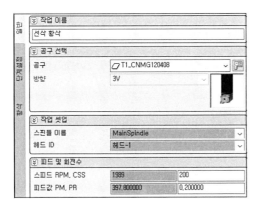

12) 두 번째 단계설정 탭에서 작업 종류를 외경으로 설정하고, 시작부분 연장에 1mm, 끝부분 연장에 2mm를 입력한다.

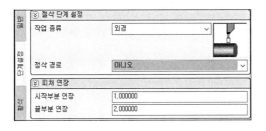

13) 급속 어프로치/이탈에서 공구진입모드를 Z만으로 설정하고, Z값에 5를 입력한다. 공구이탈모드는 Z 후 X로 설정하고, Z5, X50을 입력한다.

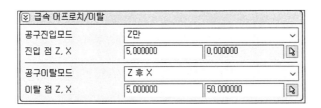

14) 충돌 감지의 언더컷 모드를 예로 설정한다. 모델의 빨간색 영역을 같이 가공하기 위함이다.

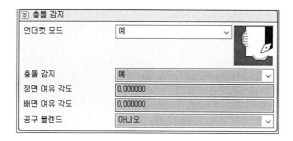

15) 세 번째 황삭 탭에서 자동화 설정, 황삭 여유 0.2, 0.2를 입력하고 최대 절삭 깊이를 1.2로 설정한다.

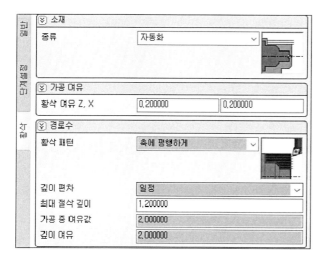

16) 선삭 황삭 툴패스가 생성되었다.

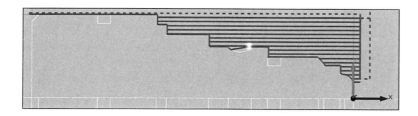

5-2. 선삭 정삭 생성하기

1) 이번에는 선삭 정삭 툴패스를 생성한다.

2) 피처 트리의 3 연결 피처를 선택하고 스마트 툴바의 솔리드 턴 - 윤곽 툴패스를 선택한나.

3) 첫 번째 일반 탭에서는 아래 그림과 같이 툴패스 이름을 선삭 정삭으로 입력하고 아래와 같이 2번 공구를 선택한다. 피드 및 회전수를 설정한다.

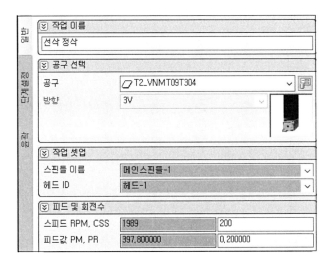

4) 두 번째 단계설정 탭에서는 외경으로 설정하고, 피처 연장에서 시작부분 1mm, 끝부분을 2mm 연장한다.

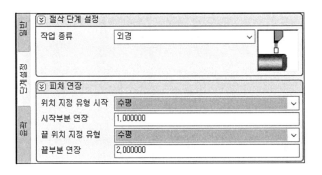

5) 급속 어프로치/이탈에서 공구진입모드는 Z만으로 설정하고 Z5를 입력한다. 공구
   이탈모드는 X 후 Z로 설정하고 Z5, X50을 입력한다.

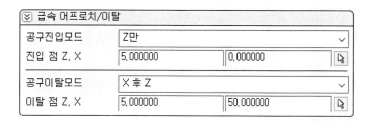

6) 충돌 감지의 언더컷 모드를 예로 변경한다.

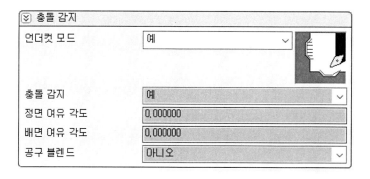

7) 윤곽 탭에서 가공 여유가 0으로 되어 있는지 확인한다.

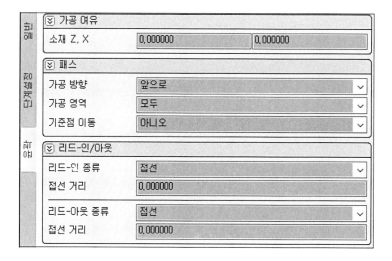

8) 경로 확인 후 확인을 누르면 선삭 정삭 툴패스가 생성된다.

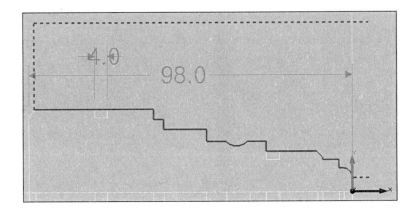

6   그루브 툴패스 작성

6-1. 그루브 툴패스 생성하기

1) 아래 그림 영역의 피처를 생성해본다.

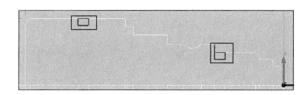

2) 드래그로 해당 도형을 선택한 후, 스마트 툴바의 피처 만들기 - 자동 연결을 누른다.

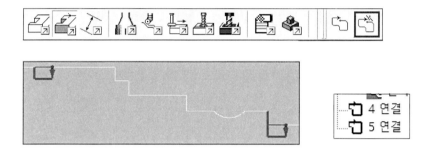

3) 피처의 방향을 확인하고 반대로 되어 있다면 스마트 툴바 - 피처 만들기 - 반전 버튼을 눌러 피처의 방향을 뒤집어준다.

4) 해당 3 연결 피처를 선택한 후, 스마트 툴바의 솔리드턴 - 그루브를 선택한다.

5) 일반 탭에서 툴패스 이름을 그루브로 변경하고, 공구는 생성해둔 4번 그루브 공구로 설정한다. 적절한 피드 및 회전수를 입력한다.

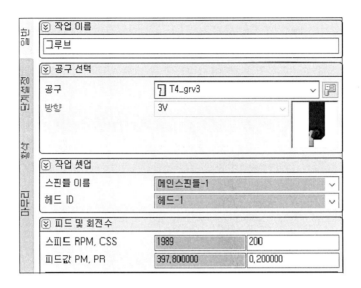

6) 단계설정 탭에서는 외경으로 되어 있는지 확인한다.

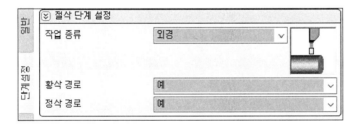

7) 급속 어프로치/이탈에서 공구진입모드와 공구이탈모드를 모두 X만으로 설정 후 X값에 35를 기입한다.

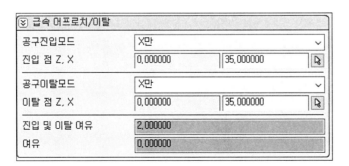

8) 황삭 탭에서는 자동화로 설정하고, 황삭 여유를 각 0.2로 입력한다.

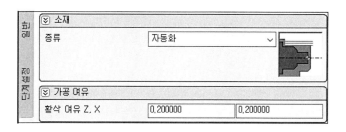

9) 그루브 유형은 다중 플런지, 스텝 오버 2, 사전-정삭은 예로 변경한다.

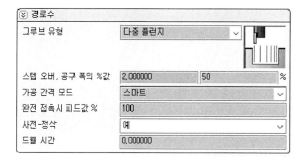

10) 마무리 탭에서 정삭 설정을 진행한다. 정삭 여유 0으로 설정하고, 피드 및 회전
수에 적절한 값을 기입한다. 리드인/아웃은 Z와 X 오프셋, X값 5로 설정한다.

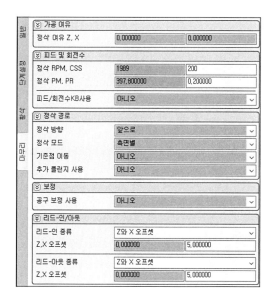

11) 확인을 누르면 그루브 툴패스가 완성된다.

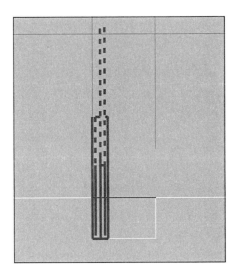

12) 생성된 그루브 툴패스에 마우스 우클릭하여 복사를 누른다.

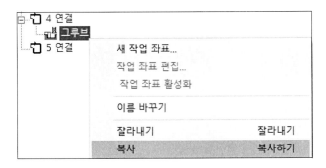

13) 5 연결 피처에 마우스 우클릭하여 붙여넣기를 누른다.

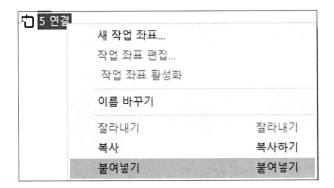

14) 5 연결 피처 부분에도 그루브 툴패스가 생성되었다.

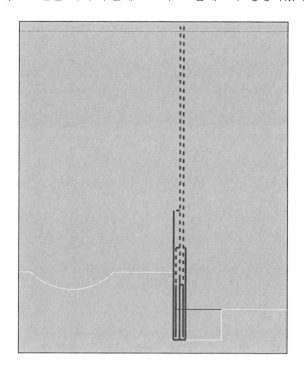

7   절단 툴패스 작성

7-1. 절단 툴패스 작성하기

1) 다시 마스크에서 도형만 보이게 설성하고 아래 그림과 같이 도형을 선택한다.

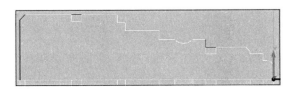

2) 스마트 툴바의 피처 만들기 - 자동 연결을 누른다.

3) 6 연결 피처가 생성되었다.

4) 4 연결 피처를 선택하고 솔리드턴 - 절단 아이콘을 누른다.

5) 일반 탭에서 아래와 같이 T5 절단 공구를 선택하고 가공 조건을 입력한다.

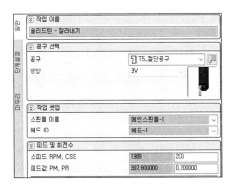

6) 단계설정에서 황삭 경로 - 아니오, 정삭 경로 - 예로 설정한다.

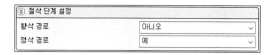

7) 급속 어프로치/이탈에서 공구진입모드 - X만, X50을 입력하고 공구이탈모드 - X만, X50을 입력한다.

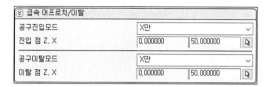

8) 마무리 탭에서 정삭 피드 및 회전수를 설정하고, 리드인아웃을 아래 그림과 같이 설정한다. 리드인 - 접선, 접선거리 3 / 리드아웃 - 접선, 접선거리 3으로 설정한다. 리드인아웃은 툴패스를 연장시키는 기능을 한다.

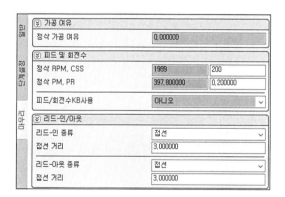

9) 확인을 누르면 절단 툴패스가 생성된다.

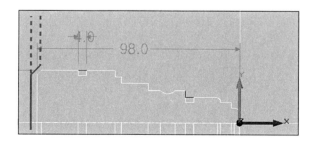

8 시뮬레이션 및 NC 코드 출력

8-1. 공정 작업 순서 변경하기

1) 작업 탭으로 이동한다.

인덱스(I)터렛-1			
이름	식 절삭 사이클	스핀들 ID	절..
T1_CNMG120408			0...
페이스 황삭	솔리드턴-황삭가공	메인스핀들-1	0...
T2_VNMT09T304			0...
페이스 정삭	솔리드턴-윤곽가공	메인스핀들-1	0...
T1_CNMG120408			0...
선삭 황삭	솔리드턴-황삭가공	메인스핀들-1	0...
T2_VNMT09T304			0...
선삭 정삭	솔리드턴-윤곽가공	메인스핀들-1	0...
T4_grv3			0...
그루브	솔리드턴 - 그루부가공	메인스핀들-1	0...
그루브	솔리드턴 - 그루부가공	메인스핀들-1	0...
T5_절단공구			0...
솔리드턴 - 잘라내기	솔리드턴 - 잘라내기	메인스핀들-1	0...

| 📷피처 | 📱공구 | 🔲작업 | 노트 | 🔲측정 |

2) 드래그로 작업의 순서를 변경할 수 있다. 황삭 가공 후 정삭 가공을 진행하는 것으로 공정의 순서를 변경하겠다.

3) 아래 그림과 같이 작업 순서를 변경하였다.

이름	식 절삭 사이클	스핀들 ID	절..
T1_CNMG120408			0...
페이스 황삭	솔리드턴-황삭가공	메인스핀들-1	0...
선삭 황삭	솔리드턴-황삭가공	메인스핀들-1	0...
T2_VNMT09T304			0...
페이스 정삭	솔리드턴-윤곽가공	메인스핀들-1	0...
선삭 정삭	솔리드턴-윤곽가공	메인스핀들-1	0...
T4_grv3			0...
그루브	솔리드턴 - 그루부가공	메인스핀들-1	0...
그루브	솔리드턴 - 그루부가공	메인스핀들-1	0...
T5_절단공구			0...
솔리드턴 - 잘라내기	솔리드턴 - 잘라내기	메인스핀들-1	0...

8-2. 시뮬레이션

1) 작업 순서의 변경이 완료되면 시뮬레이션으로 가공을 미리 확인해볼 수 있다.
2) 작업 탭에서 전체 공정을 선택한 후, 스마트 툴바의 시뮬레이션 - 실행으로 시뮬레이션을 재생할 수 있다.

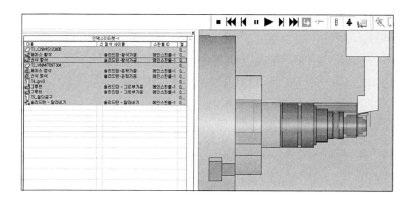

3) 툴바의 재생, 일시정지 버튼으로 시뮬레이션을 조정할 수 있다. NC 데이터 포인트를 하나씩 이동하여 보는 키는 아래와 같다.

4) 시뮬레이션의 속도는 오른쪽의 바를 조정하여 조절할 수 있다.

5) 장비의 머신 베이스, 헤드 터렛, 테이블, 스핀들, 고정구 가시성은 아래 버튼으로 조정할 수 있다.

6) 또한 스톡, 모델, 작업 비교를 표시하는 아이콘은 아래와 같다.

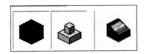

7) 아래 그림과 같이 시뮬레이션을 확인할 수 있다.

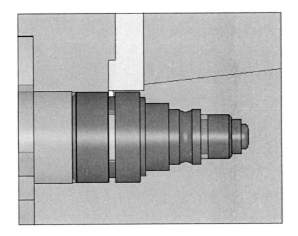

8-3. NC 코드 출력

1) 시뮬레이션에서 이상이 없음을 확인하였으면 NC 코드를 생성해본다.
2) 작업 탭에서 공정을 전체선택 하고 마우스 우클릭하여 고급 NC 코드를 누른다.

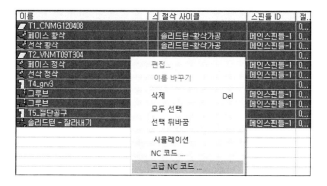

3) NC 코드 창이 뜨면 하얀색 빈 공간을 클릭한다.

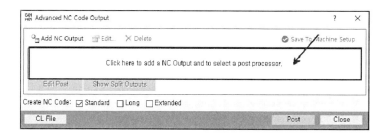

4) 포스트 프로세서 창이 뜨면 다시 하얀색 빈 공간을 클릭한다.

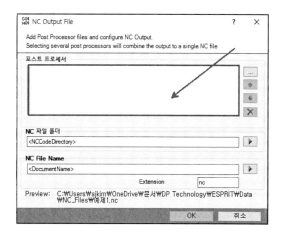

5) 파일 탐색기가 열리면 Doosan_Lynx 포스트를 선택하여 열기를 누른다.

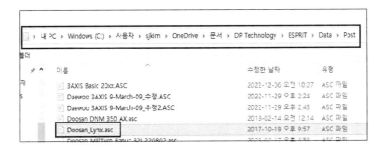

6) OK를 누른다.

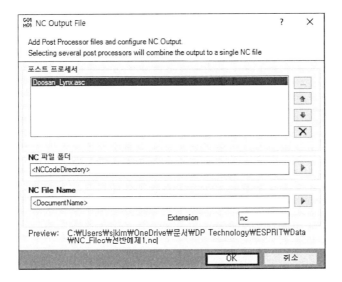

7) POST를 누른다.

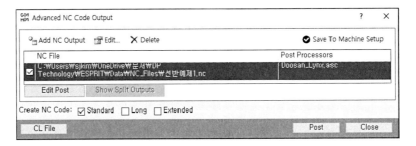

8) ESPRIT NC 편집기가 열리면서 NC 코드가 출력되었다.

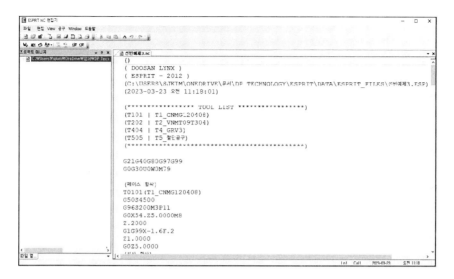

9) 코드 파일은 아래 위치에 저장된다.

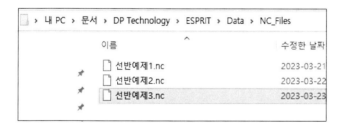

9   프로젝트 저장 및 템플릿 저장

9-1. 프로젝트 저장하기

1) ESPRIT의 프로젝트 파일의 확장자는 .esp이다.

2) 상단의 저장 버튼을 누르면 저장할 수 있다.

3) 아래 위치에 저장해두면 열기를 눌렀을 때 아래 경로가 뜬다.

> 내 PC > 문서 > DP Technology > ESPRIT > Data > Esprit_Files

9-2. 템플릿 저장하기

1) ESPRIT은 생성한 툴패스를 템플릿으로 저장하여 같은 타입의 피처에 불러와 속성 값들을 그대로 사용할 수 있다.

2) 이때 템플릿을 사용하기 위한 조건으로는 해당 템플릿에 저장된 공구가 있어야 한다.

3) 템플릿을 저장하는 방법은 피처 탭에서 생성한 툴패스에 마우스 우클릭 - 파일 - 프로세스 저장을 누른다.

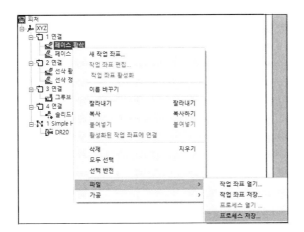

4) 아래 경로에 .prc 확장자 파일로 저장한다.

> 내 PC > 문서 > DP Technology > ESPRIT > Data > Technology

5) 템플릿 파일을 불러올 때는 피처를 생성한 후, 피처 탭에서 피처에 마우스 우클릭 - 파일 - 프로세스 열기를 눌러 저장한 템플릿 파일을 불러온다.

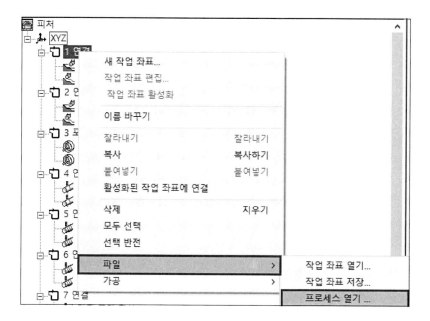

저자 약력

정 대 훈

- 한국폴리텍Ⅳ대학 대전 캠퍼스 기계스템과 교수(학과장)
- 지방기능경기 대회 CNC/밀링 직종 심사위원
- 한국폴리텍 대학 기계학회 분과위원장
- 전문 교육분야: 5축 가공 기술, CAM System 운용 기술
- 한국산업기술진흥협회 중소·중견 기업 에로기술 기술 전문가

ESPRIT을 활용한 CNC 선반 따라하기

초판발행	2023년 8월 24일
지은이	정대훈
펴낸이	안종만·안상준
편 집	김민조
기획/마케팅	정연환
표지디자인	BEN STORY
제 작	고철민·조영환
펴낸곳	(주) **박영사**
	서울특별시 금천구 가산디지털2로 53, 210호(가산동, 한라시그마밸리)
	등록 1959. 3. 11. 제300-1959-1호(倫)
전 화	02)733-6771
f a x	02)736-4818
e-mail	pys@pybook.co.kr
homepage	www.pybook.co.kr
ISBN	979-11-303-1815-8 93550

* 파본은 구입하신 곳에서 교환해 드립니다. 본서의 무단복제행위를 금합니다.

정 가   12,000원